装配式建筑系列丛书

装配式建筑

新技术及数字化实践

金茂慧创建筑科技（北京）有限公司　编著

周慧敏　主编

U0285697

中国建筑工业出版社

图书在版编目（CIP）数据

装配式建筑新技术及数字化实践／金茂慧创建筑科技（北京）有限公司编著；周慧敏主编. —北京：中国建筑工业出版社，2023.5

（装配式建筑系列丛书）

ISBN 978-7-112-28485-6

Ⅰ.①装… Ⅱ.①金… ②周… Ⅲ.①装配式构件—建筑施工 Ⅳ.①TU3

中国国家版本馆CIP数据核字（2023）第041454号

责任编辑：黄习习　徐　冉
版式设计：锋尚设计
责任校对：张　颖

装配式建筑系列丛书

装配式建筑新技术及数字化实践

金茂慧创建筑科技（北京）有限公司　编著
周慧敏　主编

＊

中国建筑工业出版社出版、发行（北京海淀三里河路9号）
各地新华书店、建筑书店经销
北京锋尚制版有限公司制版
北京圣夫亚美印刷有限公司印刷

＊

开本：787毫米×960毫米　1/16　印张：15¼　字数：246千字
2023年4月第一版　　2023年4月第一次印刷
定价：**62.00**元
ISBN 978-7-112-28485-6
　　（40865）

目 录

新技术

数字化

新技术

SPCS结构新体系

1 SPCS体系介绍

SPCS结构体系即装配整体式钢筋焊接网叠合混凝土结构体系（简称叠合结构），其具体定义为：全部或部分抗侧力构件采用钢筋焊接网叠合剪力墙（简称叠合剪力墙）、叠合柱的装配整体式混凝土结构，包括装配整体式叠合剪力墙结构、装配整体式叠合框架结构、装配整体式叠合框架—剪力墙结构和装配整体式叠合框架—现浇核心筒结构。

叠合剪力墙：指预制空心墙构件现场安装就位后，在空腔内浇筑混凝土，并通过必要的构造措施，使现浇混凝土与预制构件形成整体，共同承受竖向和水平作用的叠合构件，基本原理如图1所示。

叠合剪力墙的钢筋和构件均在工厂生产，构件内置钢筋笼，与现浇构件一致，空腔构件可代替现场模板。待构件现场安装就位后，在

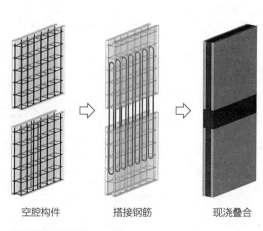

空腔构件　　　　搭接钢筋　　　　现浇叠合

图1 基本原理图
（图片来源：三一筑工提供）

空腔内浇筑混凝土，通过空腔内安放成型连接钢筋笼，使现浇混凝土与预制构件形成叠合受力体。

叠合剪力墙的预制率比例计算原则如下：

北京市地方标准《装配式建筑评价标准》DB11/T 1831—2021第4.0.3条第5款规定，符合下列规定的混凝土可计入主体结构竖向构件预制混凝土体积计算：预制空心板剪力墙结构、叠合剪力墙结构等体系，现场灌孔或后浇筑的混凝土体积，计入数量不应大于相应构件体积的30%。

即：

SPCS墙预制体积计入=$V_{叶板}$+$V_{叶板}$+$V_{构件}$×30%

200mm：相当于实心墙厚度=50+50+200×0.3=160mm；折减系数0.80；

220mm：相当于实心墙厚度=50+50+220×0.3=166mm，折减系数0.75；

250mm：相当于实心墙厚度=50+50+250×0.3=175mm，折减系数0.70。

注：每侧叶板厚50mm；200mm墙厚时空腔宽100mm；220mm墙厚时空腔宽120mm；250mm墙厚时空腔宽150mm。

2 设计注意事项

北京市顺义区某项目，根据《北京市人民政府办公厅关于加快发展装配式建筑的实施意见》（京政办发〔2017〕8号）和《北京市发展装配式建筑2020年工作要点》中的要求，项目需满足装配率≥50%、预制率≥40%的要求。项目中采用SPCS体系的住宅楼层数为15层，层高2.9m，建筑高度44.25m。

叠合剪力墙的平面布置如图2所示。

叠合剪力墙构件最小总墙厚为200mm，单侧板厚不小于50mm，空腔厚度不小于50mm；对于带门窗洞口的叠合剪力墙构件，门窗洞口侧边的预制宽度和上方的预制高度不宜小于250mm，窗下墙预制时，窗洞口下方的预制高度不宜小于250mm（图3～图5）。

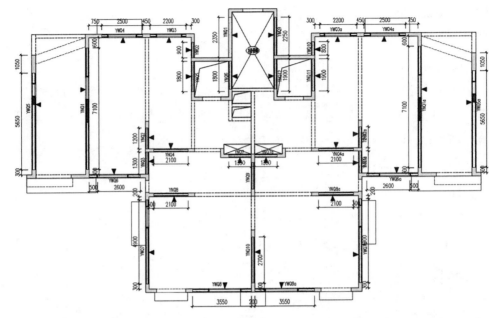

图2 叠合剪力墙平面布置图

叠合剪力墙墙身钢筋的间距不宜大于200mm，拉结钢筋的直径不宜小于6mm，间距不宜大于600mm；上下层连接钢筋高度范围内，水平钢筋的间距不应大于10d（d为连接钢筋的直径），且不应大于100mm。

叠合剪力墙底部接缝不宜小于50mm，接缝处混凝土上表面应设置深度不小于6mm的粗糙面。

叠合剪力墙采取操作简便的连接方式，通过竖向搭接钢筋实现上下层墙体竖向钢筋搭接，墙肢体部分采用环状连接钢筋，连接钢筋与被连接钢筋之间的中心距不应大于4d（d为连接钢筋直径）；非边缘构件部位搭接长度为1.2l_{aE}（受拉钢筋抗震锚固长度）；边缘构件采用直条钢筋连接，搭接长度为1.6l_{aE}，如图6～图9所示。

叠合剪力墙通过水平搭接钢筋实现墙体水平向连接。水平连接钢筋应采用环状钢筋，环状钢筋末端均应设置插筋，插筋直径不宜小于10mm，上下层插筋可不连接，连接钢筋的直径和间距应与叠合剪力墙内的钢筋匹配且一一对应，连接

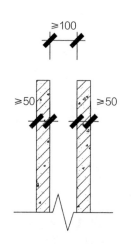

图3 叠合剪力墙厚度示意

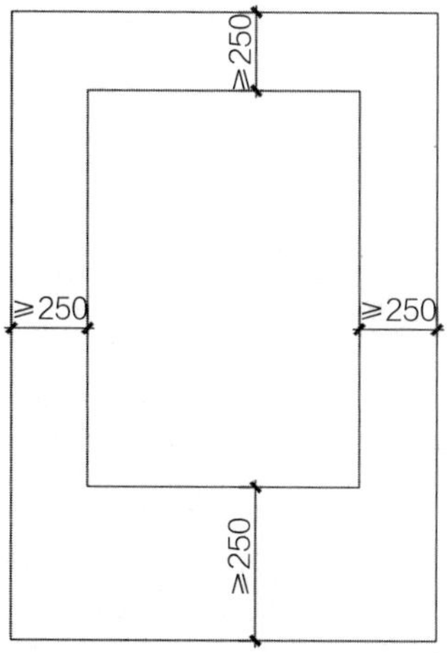

图4 叠合剪力墙尺寸示意

图5 叠合剪力墙构件图

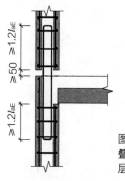

图6
叠合外墙楼
层节点示意

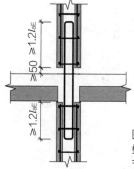

图7
叠合内墙楼层
节点示意

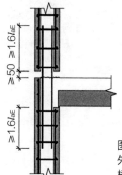

图8
外墙边缘构件
楼层节点示意

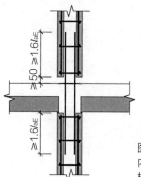

图9
内墙边缘构件
楼层节点示意

钢筋伸入叠合剪力墙或现浇墙内的长度不应小于l_{aE}或最外层纵筋内侧，水平向连接节点如图10～图13所示。

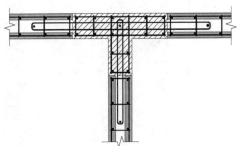

图10 现浇段T形连接1   图11 现浇段T形连接2

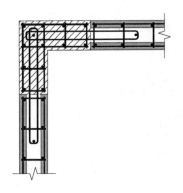

图12 现浇段L形连接

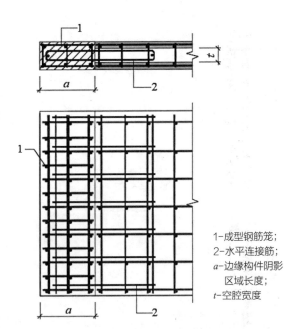

1—成型钢筋笼；
2—水平连接筋；
a—边缘构件阴影
　区域长度；
t—空腔宽度

图13 现浇段一字连接

　　叠合剪力墙可以根据两侧楼板的厚度调整单侧叠合剪力墙的高度，使其与楼板更为贴合（图14～图16）。

　　叠合剪力墙还可通过现场施工的需求，来决定叠合剪力墙窗洞四周的空腔是封闭还是开放。本项目的封边措施，由构件厂在工厂内通过木模进行封边，并随构件运输到现场（图17）。

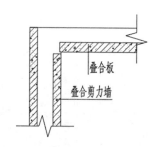

图14 叠合剪力墙不同高度示意1

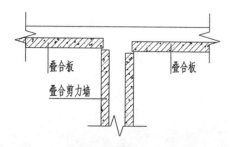

图15 叠合剪力墙不同高度示意2

图16 叠合剪力墙两侧叶板不同高度构件示意

图17 叠合剪力墙门窗洞口木模封边

当遇到两个叠合剪力墙暗柱相邻时，可将暗柱一侧构件设计为空腔封闭，暗柱另一侧构件设计空腔不封闭，以便于水平连接钢筋能从侧边伸入叠合剪力墙中（图18～图20）。

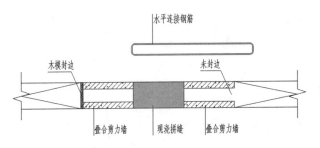

图18　叠合剪力墙封边示意

图20　叠合剪力墙现场封边构件

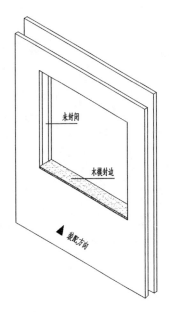

图19　叠合剪力墙封边构件示意

超低能耗建筑

1 发展路径及政策

"双碳"是"碳达峰"与"碳中和"的简称。碳达峰就是指碳排放量达峰，即二氧化碳排放总量在某一个时期达到历史最高值，之后逐步降低。碳中和即为二氧化碳净零排放，指的是人类活动直接或间接产生的二氧化碳排放量与二氧化碳吸收量在一定时期内达到平衡。

2009年，哥本哈根气候变化大会，我国首次提出中国要到2020年实现单位GDP二氧化碳排放相对于2005年降低40%~45%的目标。

2015年，巴黎气候大会，我国又提出了到2030年，二氧化碳排放相对于2005年降低60%~65%并争取实现达峰的目标。

2016年，包括我国在内的170多个国家领导人齐聚纽约联合国总部，共同签署气候变化问题《巴黎协定》。

2020年9月，七十五届联合国大会一般性辩论上，习近平主席提出我国二氧化碳排放力争于2030年前达到峰值，努力争取在2060年前实现碳中和。

为此，国家及部分地方均制定了相关技术标准。

住房和城乡建设部发布2019年第22号公告，于2019年9月1日起正式实施《近零能耗建筑技术标准》GB/T 51350—2019。为贯彻国家有关法律法规和方针政策，提升建筑室内环境品质和建筑质量，降低用能需求，提高能源利用效率，推动可再生能源建筑应用，引导建筑逐步实现近零能耗，制定本标准。2022年

4月1日起实施《建筑节能与可再生能源利用通用规范》GB 55015—2021，全文强条。

作为在超低能耗建筑领域研究最早的城市，上海紧跟国家政策步伐，发布了一系列与超低能耗建筑相关的政策文件和技术标准（图1）。考虑到上海与北方严寒地区的气候特性和用能习惯的差异，上海市的超低能耗技术路径和指标相对于国标有了更多的差异性。

图1 上海市超低能耗相关政策文件

2021年《上海市超低能耗建筑项目管理规定（暂行）》提出：

对于满足要求的超低能耗建筑，外墙面积可不计入容积率，但其建筑面积最高不应超过总计容建筑面积的3%；

超低能耗建筑项目应符合《上海市超低能耗建筑技术导则（试行）》和本市相关技术要求，申报建筑面积不得小于2000m²。

2 技术方案

超低能耗住宅技术体系主要由5个部分组成，包括气候响应式设计、围护结构热工设计、高效的机电系统设计、气密性设计以及无热桥设计等。上海市项目的典型实施方案如下。

2.1 气候响应式设计

主要通过场地风环境分析，优化建筑空间布局。建筑主体朝向为南向或接近南向。

2.2 围护结构热工设计

（1）外墙保温

外墙：K值（传热系数）≤0.4，《外墙保温系统及材料应用统一技术规定（暂行）》（沪建建材〔2021〕113号）中外墙保温一体化系统主要有3种：

1）预制混凝土夹芯保温外墙板系统

混凝土内、外叶板附加保温层在工厂一次施工到位，达到外叶板、保温层与混凝土基层墙体一体化预制成型的外墙保温系统，用于标准层（图2、图3）。

2）预制混凝土反打保温外墙板系统

在构件厂保温板作为底模，在上面浇筑混凝土，按需求布置专用连接件等可

图2 预制混凝土夹芯保温外墙板系统示意图

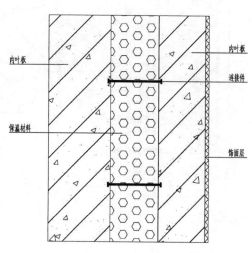

图3 预制混凝土夹芯保温外墙板系统构造

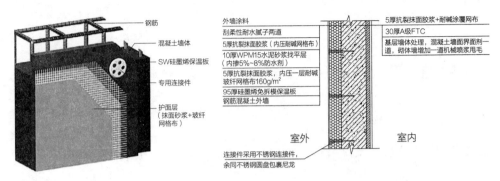

图4　预制混凝土反打保温外墙板系统示意图　图5　预制混凝土反打保温外墙板系统构造

靠连接措施，达到保温层与混凝土基层墙体一体化预制成型的外墙保温系统，用于标准层（图4、图5）。

　　3）现浇混凝土复合保温模板外墙保温系统（图6、图7）

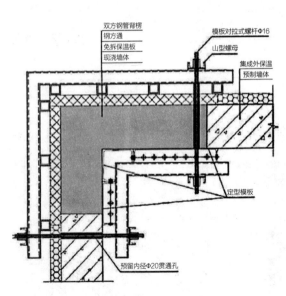

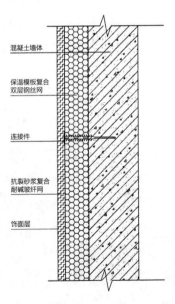

图6　现浇混凝土复合保温模板外墙系统示意图　　　图7　现浇混凝土复合保温模板外墙系统构造

施工现场以保温板为外侧模板，并设置连接件，与现浇混凝土基层墙体形成保温层与主体墙为一体的外墙保温系统。

实际使用中，一般采用1）、2）、3）中两种方案的组合，如表1所示组合。保温层厚度依据热工计算确定。

组合方案示例表

表1

A组合	底部加强区	硅墨烯免拆保温模板+无机保温膏料（或XPS）内保温
	标准层	硅墨烯保温板反打预制墙体+XPS内保温
B组合	底部加强区	硅墨烯免拆保温模板+无机保温膏料（或XPS）内保温
	标准层	硬泡聚氨酯夹芯保温+无机保温膏料（或XPS）内保温

（2）屋面保温

屋面保温技术指标要求：K值≤0.3。

技术措施：提高保温层厚度，若采用倒置式，需增加一道防水层。

保温材料：采用挤塑聚苯乙烯泡沫（XPS带表皮）（B_1级），厚度依据热工计算确定，一般125mm厚。

保温层构造：采用正置式或倒置式屋面均可，均需要设置三道防水（图8）。

（3）楼地面保温

分户楼面和地面设置20mm厚挤塑聚苯板（XPS带表皮）（B_1级）。

（4）分户墙保温

分户墙剪力墙段为现浇混凝土，填充墙段为加气混凝土砌块，剪力墙热工性能比砌块差。分户墙两侧采用无机保温膏料（或XPS）。

（5）凸窗板保温

凸窗上下板，室外侧：采用预制混凝土反打保温外墙板系统（侧

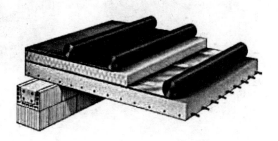

图8 屋面系统示意图

板及上下板外侧采用40mm厚硅墨烯保温板）或预制混凝土夹芯保温外墙板系统，其他厚度随外墙。

室内侧：采用挤塑聚苯板（XPS带表皮）（B_1级）。

（6）外门窗节能选型

外窗技术指标：K值≤1.4，中置遮阳或外遮阳装置（表2）。

外门窗节能选型要求   表2

组件	选型要求
外窗	采用三玻两腔Low-E高性能外窗5Low-E，气密性8级，设置中置遮阳百叶
窗框材料	暖边铝合金窗框、聚氨酯节能窗框、塑钢窗
节能副框	断热铝合金副框、聚氨酯节能副框
入户门	高性能节能外门，气密性7级

外窗样本示例如图9所示。

暖边铝合金窗框
厂家较多，耐久性好，价格适中

聚氨酯窗框
厂家较少，耐久性较好，价格较高

塑钢窗框
厂家较多，耐久性一般，价格低

图9 外窗样本

2.3 高效的机电系统设计

（1）供暖空调系统

供暖空调系统分户设置，每户可设置VRV空气源热泵机组或空调地暖两联供空气源热泵机组。

（2）新风系统

每户设置一套带全热回收装置的新风系统，选用高交换效率产品。

新风机组吊顶安装，设隔声及消声装置，卧室、起居室、书房等功能空间均设置送风口和排风口。

（3）节能照明

室内采用高光效、高功率因数的节能LED灯具；公共区域的照明，采用感应控制、红外节能自熄开关；室外照明采用光控或定时控制。

（4）节能电梯

采用节能型电梯，自动算出最优运行速度，提高运行效率，降低运行过程中的能量消耗。

（5）生活热水供应方案

采用空气源热泵或太阳能热水系统作为生活热水热源，其余户数配置户式燃气热水器。

若采用太阳能系统，多层需全楼配置，高层需满足一半以上楼层住户需求。

2.4 气密性设计

关键节点：穿墙空调套管做法（图10）。

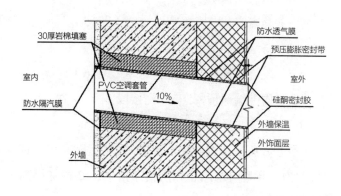

图10 空调套管节点

2.5 无热桥设计

关键节点：

（1）阳台板保温构造（图11）

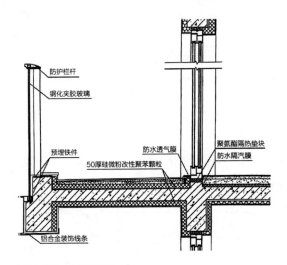

防护栏杆
钢化夹胶玻璃
预埋铁件
防水透气膜
聚氨酯隔热垫块
50厚硅微粉改性聚苯颗粒
防水隔汽膜
铝合金装饰线条

图11 阳台板保温构造

（2）管道穿墙及出屋面部位（图12）

（3）预制墙板竖向缝拼接节点（图13）

（4）预制墙板水平缝拼接节点（图14）

（5）凸窗安装节点气密性措施（图15）

（6）幕墙安装节点

（7）现浇与反打竖向接缝处理（图16）

预制构件端部预留50mm衔接段。

（8）现浇与反打水平接缝处理

参考做法一，构件底部留空+现场后贴，可保证保温连续拼缝处理：①接缝处附加JS-Ⅱ型防水涂料和网格布搭接；②特殊层高可优先从顶部排标准板，通过底部调节（图17）。

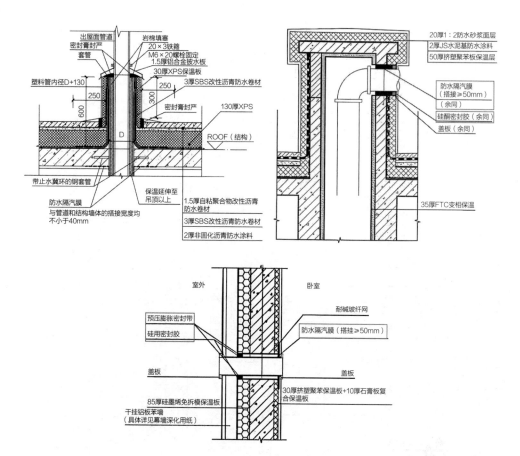

图12　管道穿墙及出屋面部位

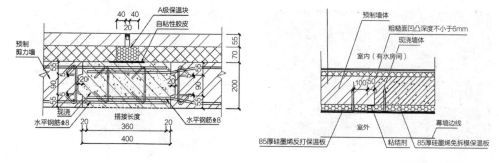

图13　竖向拼缝节点

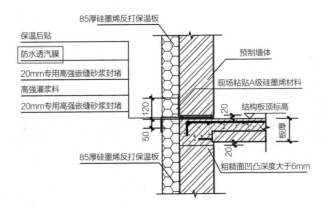

85厚硅墨烯反打保温板

保温后贴
防水透汽膜
20mm专用高强嵌缝砂浆封堵
高强灌浆料
20mm专用高强嵌缝砂浆封堵

预制墙体
现场粘贴A级硅墨烯材料
结构板顶标高
板厚

85厚硅墨烯反打保温板
粗糙面凹凸深度大于6mm

图14 水平拼缝节点

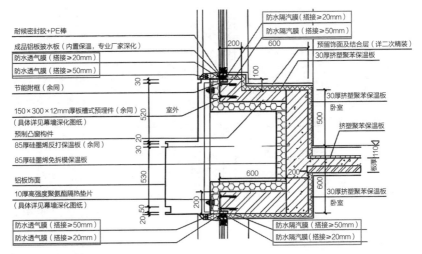

防水隔汽膜（搭接≥20mm）
防水隔汽膜（搭接≥50mm）
预留饰面及结合层（详二次精装）
30厚挤塑聚苯保温板

耐候密封胶+PE棒
成品铝板披水板（内置保温，专业厂家深化）
防水透气膜（搭接≥20mm）
防水透气膜（搭接≥50mm）

节能附框（余同）

150×300×12mm厚板槽式预埋件（余同）
（具体详见幕墙深化图纸）
预制凸窗构件
85厚硅墨烯反打保温板（余同）
85厚硅墨烯免拆模保温板
铝板饰面
10厚高强度聚氨酯隔热垫片
（具体详见幕墙深化图纸）

室外

30厚挤塑聚苯保温板
卧室
挤塑聚苯保温板
板厚≥110

30厚挤塑聚苯保温板
卧室

防水透气膜（搭接≥50mm）
防水透气膜（搭接≥20mm）

防水隔汽膜（搭接≥50mm）
防水隔汽膜（搭接≥20mm）

图15 凸窗气密性措施

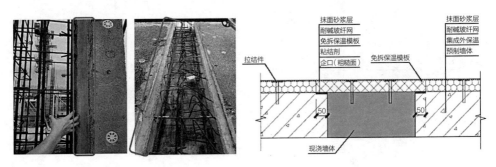

抹面砂浆层
耐碱玻纤网
免拆保温模板
粘结剂
企口（粗糙面）

抹面砂浆层
耐碱玻纤网
集成外保温
预制墙体

拉结件

免拆保温模板

现浇墙体

图16 现浇与反打竖向接缝处理

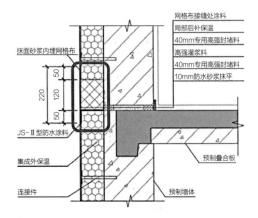

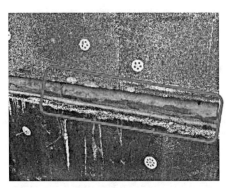

图17　现浇与反打水平接缝处理（一）

注意点：粘结剂存在一定厚度。为保证外侧齐平，后贴保温要比反打保温薄5mm左右。

参考做法二，保温和混凝土墙体做平、留缝拼缝处理：专用保温砂浆填充（图18）。

注意点：因密封胶和保温板结合度较差，因此建议填缝处理。

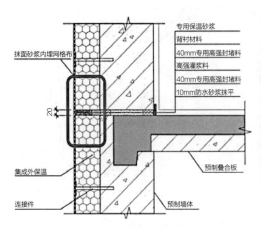

图18　现浇与反打水平接缝处理（二）

（9）现浇与夹芯保温接缝处理

保温板缝与墙体缝错缝拼接，交接部位采用免拆模保温模板（A级硅墨烯材料），耐碱网格布搭接宽度应为200mm，保温层连续完整，避免热桥。

室内侧设置不小于15mm厚砂浆层；室外侧，保温接缝处设置防水透气膜（图19）。

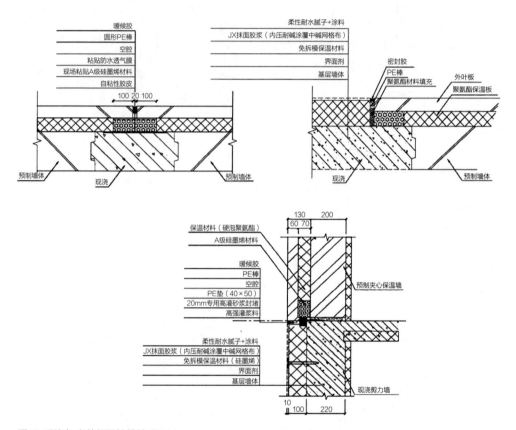

图19 现浇与夹芯保温接缝处理

（10）窗洞口气密性控制（图20）

窗洞口可根据设计要求设置企口。

超低能耗建筑室外侧、室内侧分别为防水透气膜/防水隔汽膜。

（11）室内线盒、穿墙管道热桥控制（图21）

线盒：保温石膏填充线盒背部。

穿墙管道：内高外低，防水透气膜、防水隔汽膜搭接。

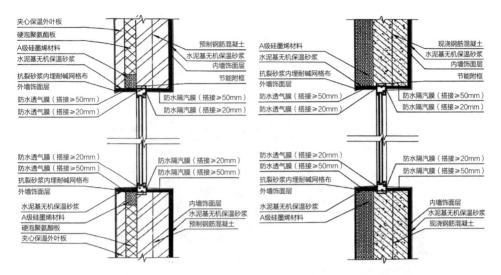

夹心保温外叶板
硬泡聚氨酯材料
A级硅墨烯材料
水泥基无机保温砂浆
抗裂砂浆内埋耐碱网格布
外墙饰面层
防水透气膜（搭接≥50mm）
防水透气膜（搭接≥20mm）

预制钢筋混凝土
水泥基无机保温砂浆
内墙饰面层
节能附框
防水隔汽膜（搭接≥50mm）
防水隔汽膜（搭接≥20mm）

防水透气膜（搭接≥20mm）
防水透气膜（搭接≥50mm）
抗裂砂浆内埋耐碱网格布
外墙饰面层

防水隔汽膜（搭接≥20mm）
防水隔汽膜（搭接≥50mm）

水泥基无机保温砂浆
A级硅墨烯材料
硬泡聚氨酯板
夹心保温外叶板

内墙饰面层
水泥基无机保温砂浆
预制钢筋混凝土

A级硅墨烯材料
水泥基无机保温砂浆
抗裂砂浆内埋耐碱网格布
外墙饰面层
防水透气膜（搭接≥50mm）
防水透气膜（搭接≥20mm）

现浇钢筋混凝土
水泥基无机保温砂浆
内墙饰面层
节能附框
防水隔汽膜（搭接≥50mm）
防水隔汽膜（搭接≥20mm）

防水透气膜（搭接≥20mm）
防水透气膜（搭接≥50mm）
抗裂砂浆内埋耐碱网格布
外墙饰面层

防水隔汽膜（搭接≥20mm）
防水隔汽膜（搭接≥50mm）

内墙饰面层
水泥基无机保温砂浆
现浇钢筋混凝土

图20　窗洞口气密性控制

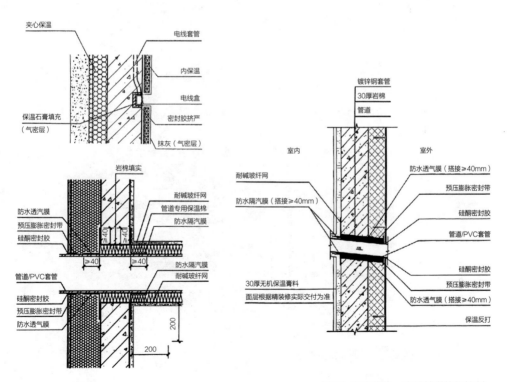

夹心保温
电线套管
内保温
电线盒
密封胶挤严
保温石膏填充
（气密层）
抹灰（气密层）

岩棉填实
耐碱玻纤网
管道专用保温棉
防水透气膜
预压膨胀密封带
硅酮密封胶
防水隔汽膜
防水隔汽膜
管道/PVC套管
耐碱玻纤网
硅酮密封胶
预压膨胀密封带
防水透气膜
≥40　　≥40
200
200

镀锌钢套管
30厚岩棉
管道
室内　　室外
耐碱玻纤网
防水透气膜（搭接≥40mm）
防水隔汽膜（搭接≥40mm）
预压膨胀密封带
硅酮密封胶
管道/PVC套管
硅酮密封胶
预压膨胀密封带
防水透气膜（搭接≥40mm）
保温反打
30厚无机保温膏料
面层根据精装实际交付为准

图21　室内线盒、穿墙管道热桥控制

（12）屋面设备基础隔热

BAPV屋面光伏支架安装于刚性防水层，下部为保温板（图22）。

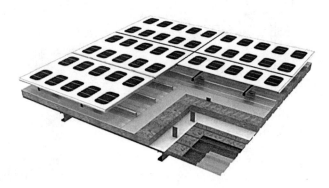

图22 屋面设备基础隔热

排气道（管）出屋面做法如图23所示。

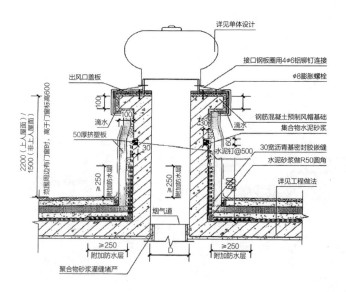

图23 排气道（管）出屋面做法

（13）外挑构件热桥控制（图24）

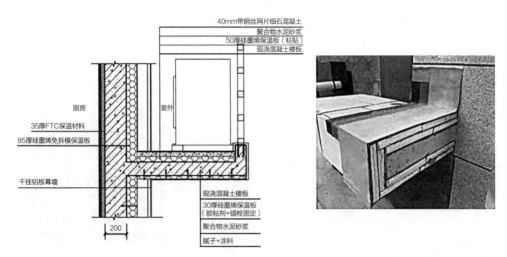

40mm带钢丝网片细石混凝土
聚合物水泥砂浆
50厚硅墨烯保温板（粘贴）
现浇混凝土楼板

厨房
35厚FTC保温材料
85厚硅墨烯免拆模保温板

干挂铝板幕墙

室外

200

现浇混凝土楼板
30厚硅墨烯保温板
（胶粘剂+锚栓固定）
聚合物水泥砂浆
腻子+涂料

图24 外挑构件热桥控制

（14）凸窗热桥控制（图25）

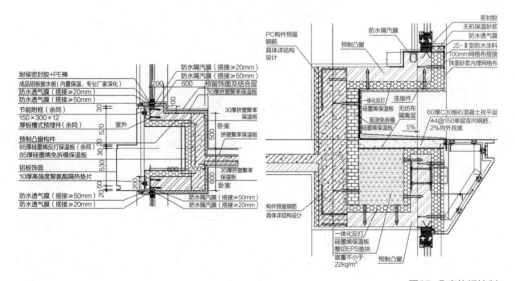

耐侯密封胶+PE棒
成品铝板披水板（内置保温，专业厂家深化）
防水透气膜（搭接≥20mm）
防水透气膜（搭接≥50mm）
节能附框（余同）
150×300×12
厚板槽式预埋件（余同）
预制凸窗构件
85厚硅墨烯反打保温板（余同）
85厚硅墨烯免拆模保温板
铝板饰面
10厚高强度聚氨酯隔热垫片
防水透气膜（搭接≥50mm）
防水透气膜（搭接≥20mm）

防水隔汽膜（搭接≥20mm）
防水隔汽膜（搭接≥50mm）
预留饰面及结合层
30厚挤塑聚苯保温板
30厚挤塑聚苯保温板
挤塑聚苯保温板
30厚挤塑聚苯保温板
防水隔汽膜（搭接≥50mm）
防水隔汽膜（搭接≥20mm）

室外
卧室
卧室

PC构件预留钢筋
具体详结构设计

防水隔汽膜
预制凸窗

一体化反打
硅墨烯保温板
无纺布
隔离层
现浇免拆模
硅墨烯保温板

连接件

构件预留钢筋
具体详结构设计

一体化反打
硅墨烯保温板
整切EPS垫块
容重不小于
22kg/m³
预制凸窗

密封胶
无机保温砂浆
防水透气膜
JS-Ⅱ型防水涂料
100mm网格布搭接
抹面砂浆内埋网格布

60厚C30细石混凝土找平层
φ4@150单层双向钢筋，
2%向外找坡

图25 凸窗热桥控制

（15）幕墙埋件热桥控制

石材或铝板幕墙使用金属埋件干挂，需提前预留埋件。埋件位置处进行断热处理，现有解决方案为聚氨酯隔热垫片、埋件空腔填充保温（图26）。

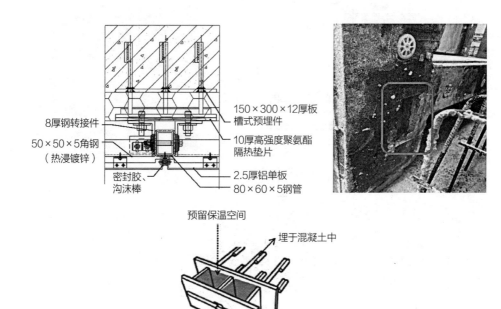

图26 幕墙埋件热桥控制
（本节图片来源：上海中森）

装配式售楼处

1　装配式售楼处概况

目前开发商进行售楼处展示时，一般展示时间为半年到一年，后期面临更改功能或拆除的命运，尤其当售楼处为临时建筑时，拆除将不可避免，这将会造成大量资源浪费和环境污染。这种情况下，装配式售楼处就成为一种选择，通过产品多次循环复用，达到环保低碳、降低成本的目的。

售楼处装配化与金茂标准化售楼处相结合，落地项目，总结形成成套技术体系。装配式售楼处具有以下优点。

工期减少：提前设计，工厂生产周期2个月，现场安装仅15天左右（图1）。

节约成本：以500m²售楼处为例，现浇成本约为500万，装配式成本约900万，但通过多次循环复用，综合成本将低于现浇售楼处。

节能环保：除基础和连接部位外现场基本无湿作业，无混凝土等粉尘产生，无噪声污染等。

落地一个项目，进行模块化售楼处展示，形成技术标准文件"××区域装配式售楼处实施指引"。

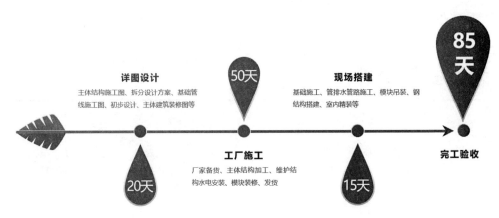

图1 整体工期计划

2 装配式售楼处设计

2.1 售楼处结构选型

售楼处按结构形式可分为很多种，如何实现可重复使用，需要进行方案研究（表1）。

售楼处结构选型　　　　　　　　　　　　　　　　表1

结构形式	工期	成本	重复利用	总体判断
现浇钢筋混凝土框架结构	×	√	×	×
现浇钢筋混凝土剪力墙结构	×	√	×	×
砌体结构	×	√	×	×
木结构	×	×	√	×
轻钢龙骨结构	√	×	×	×
钢框架结构	√	×	×	×
模块化钢结构	√	×	√	√

注：√代表有优势；×代表不占优势。

2.2 模块化限制

模块化售楼处的特点在于可拆卸多次复用，可以运输到全国各个城市，其技术的核心就是要满足运输限制。《超限运输车辆行驶公路管理规定》中道路运输的限制条件为：宽度限制3.75m，高度限制3.5m，长度限制28m，实际应用中一般是10多米（图2、图3）。

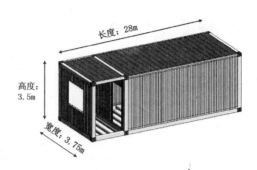

图2 模块化尺寸限制

图3《超限运输车辆行驶公路管理规定》政策规定

2.3 设计方案

按照项目的建筑平面布置图，进行模块化拆分设计（图4～图7）。

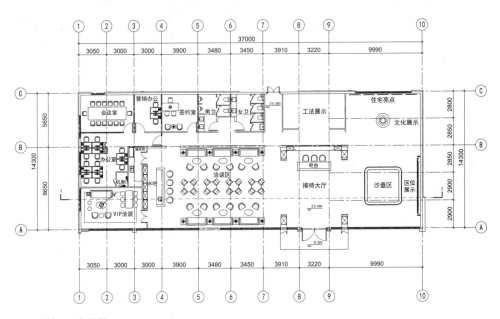

图4　建筑平面布置图

建筑平面布置图东侧沙盘区为两层挑空，结构布置有多种方式，综合考虑，提出三种拆分方案。呈现结果如下。

方案一，东侧挑空区采用钢结构方案，共8个模块+钢结构。

方案二，东侧两层为叠箱，叠箱为竖向排布，共14个模块。

方案三，东侧两层为叠箱，叠箱为横向排布，共18个模块。

上述三种方案，方案一东侧钢结构，重复使用率低，不建议采用。方案二在展示区有两根柱子，对使用功能影响很大。故推荐方案三。

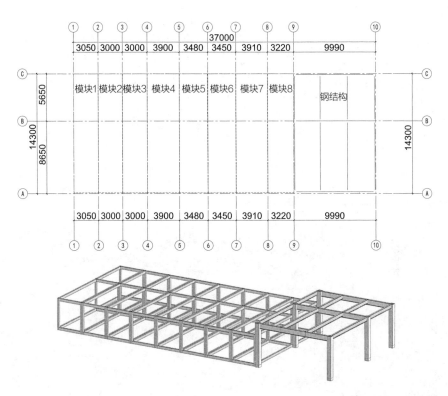

图5　方案一：钢结构方案

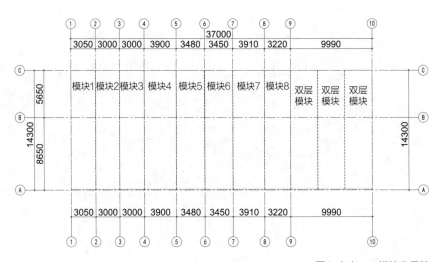

图6　方案二：模块化叠箱

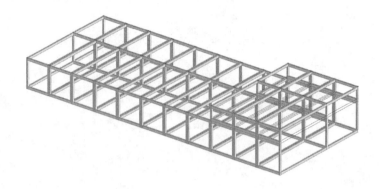

图6 方案二：模块化叠箱（续）

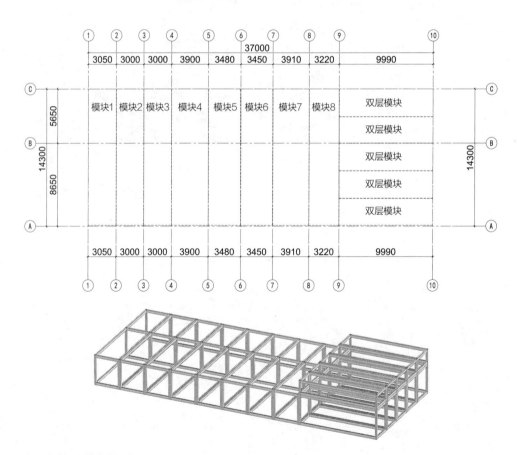

图7 方案三：模块化叠箱

3 生产和运输

　　模块化售楼处在工厂进行生产，其生产过程如图8所示。

结构生产、拼装

结构箱体吊装、调平　　　　　基层岩棉、封板、空调管道、吊顶前准备

内装完成

图8　模块化生产过程
（图片来源：优积建筑科技提供）

装配式售楼处运输方式为集装箱模块化运输，为运输物体积大、超宽、超高、超重的大型货物，运输车辆必须是能满足承运要求的特种运输车型，因此，车辆的选型如图9所示。

汽车品牌	车辆类别	车辆型号
东风天龙	重型半挂牵引车	LFX221A2X19
欧曼	重型半挂牵引车	LFX421A219
奔驰	重型半挂牵引车	DFL4251A2X
康明斯	重型半挂牵引车	LFX21A2219X
斯太尔	重型半挂牵引车	DFL4251A2

图9 车辆选型及运输车辆示意

4 施工阶段

基础采用条形或者筏板基础，采用钢桩或者地螺栓的形式，受场地现状影响小、轻便、灵活，容易施工，施工工艺简单，一天内可完成所有柱桩施工，项目现场准备条件要求较低。此外，也可协调总包浇筑条基，节省成本（图10）。

基础施工可在构件运输到场之前完成，不占用工时。

条形基础　　　　　　　　　　　筏板基础+钢桩

图10 基础施工
（图片来源：优积建筑科技提供）

现场安装过程如图11所示。

吊装就位

墙板安装

施工过程

图11　模块化施工过程
（图片来源：优积建筑科技提供）

5　总结

装配式售楼处在工期、完成效果等方面具有明显优势（图12），且如果二次或多次复用，成本将会明显低于现浇售楼处，应用前景广阔。

图12 完成效果
（图片来源：金茂上海公司提供）

钢结构围护墙研究

1 研究背景

目前，部分多、高层钢结构建筑的外围护仍采用砌筑施工，不仅导致施工速度慢、湿作业大、墙体过重，而且还会造成墙体开裂（表1）。因而采用装配式外墙板是发展的趋势。

装配式墙板的优势

表1

项目	砌块式墙体	墙板式墙体
造价	比较低	相比砌块，造价相对较高
施工速度	慢	快
开裂性能	容易产生裂缝	不容易产生裂缝
施工现场	湿作业量大	湿作业量小

2 装配式钢结构外围护系统

2.1 钢结构外围护系统类型

钢结构外围护体系主要包括幕墙体系和窗墙体系。

幕墙体系主要有玻璃幕墙和石材、金属、人工板材类幕墙。

窗墙体系主要有蒸压加气混凝土（AAC）外墙板、预制混凝土外墙挂板体系（PC板）、发泡混凝土外墙板、中空挤出成型水泥条板（ECP板）、金属骨架组合外墙板、纤维水泥板轻质灌浆墙、装配式一体化外围护墙体系、装配式轻钢龙骨外墙体系等。

2.2 钢结构外围护系统比选

常用外墙板的优缺点见表2。

常用外墙板优缺点对比　　　　表2

外围护类型	优点	缺点
幕墙	集围护、保温和装饰一体化，立面效果美观，加工安装质量优良，施工速度快，工期短，可分段完工移交等优点	成本较高
蒸压加气混凝土（AAC）外墙板	高耐久性、防火性、保温性，高性价比	板块小、板缝多
ECP板+保温材料+AAC板内墙	保温装饰一体化	施工工艺复杂，造价高
PC复合挂板+内保温	高强度、高耐久性、大单元板块	施工工艺复杂，造价高
"三明治"预制混凝土外挂墙板	高强度、高耐久性、大单元板块	重量大、保温性能低、存在冷热桥、易结露，主要适用于钢筋混凝土结构
发泡水泥复合外墙板	多轻质、热工性能高、施工效率高	钢框与水泥弹性模量不匹配，冷热交替剧烈区易开裂
龙骨组合保温体系	保温装饰一体化、外观效果好	耐久性待提高、造价高
纤维水泥板轻质灌浆墙	轻质、保温性能好	施工工艺复杂、造价高

钢结构具有轻质、高强、高延性的特点，但同时防腐蚀、耐火性能较差，所以对外围护系统的性能有较高要求。

1）外墙板结构具有高耐久性，与主体同寿命；

2）良好的防火性能、隔声性能、防渗漏、热工性能；

3）钢结构建筑的刚度普遍较小，允许结构发生较大的变形，地震下允许弹性层间位移角限值为1/250，要求外围护体系具备高变形适应特性；

4）钢结构建筑的优势是自重轻，建筑外墙应轻量化。

以上性能要求正是AAC条板的主要性能优势。

故下面对钢结构外围护系统中应用最广泛、使用性最好的围护系统，即蒸压加气混凝土（AAC）外墙板围护系统进行重点介绍。

3 蒸压加气混凝土（AAC）外墙板围护系统

3.1 AAC墙板特点

蒸压加气混凝土（Autoclaved Aerated Concrete，简称AAC）板是以粉煤灰（或硅砂）、水泥、铝粉、石灰等为主要原料，内设经过防锈、防腐处理的双层、双向钢筋网片，经过高温、高压、蒸汽养护而成的多孔混凝土板材，是一种性能优良的新型建筑材料。

1）轻质：绝干容重为500～700kg/m^3，为混凝土的1/5，空心砖的1/3。

2）保温隔热性：合理的厚度可实现外墙围护和保温节能的双效合一，满足建筑物节能标准的要求。

3）隔声性：AAC板材内有无数不相连通的封闭孔隙，隔声吸声，150mm厚的AAC板材隔声量可达45dB，300mm厚的AAC板材隔声量可达60dB。

4）耐火性：作为一种无机材料，100mm厚板耐火极限≥4小时，150mm厚板耐火极限≥5小时。

5）耐久性：AAC材料是一种硅酸盐材料，不易老化，承载力、抗震性能优，耐久性能高于50年需求。

6）绿色环保：该材料无放射性，无有害气体逸出，绿色环保。

7）可适应结构变形：AAC板具有软连接墙体的建造方式，能适应较大的层间角变位，允许层间变位角为1/150。

　　8）便于施工：墙板的孔隙率大，具有可锯、可钉、可钻和可粘结等优良的可加工性能。

3.2 AAC外墙板围护系统分类

　　AAC外墙板围护系统根据保温构造方式可分为三种：单一材料AAC自保温外墙、AAC板+保温装饰一体化板组合外墙、双层AAC板夹芯保温组合外墙（图1）。

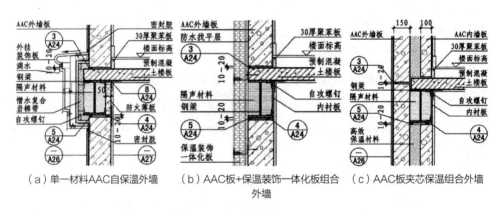

（a）单一材料AAC自保温外墙　　（b）AAC板+保温装饰一体化板组合外墙　　（c）AAC板夹芯保温组合外墙

图1 AAC板围护系统保温构造方式分类
（图片来源：图集19CJ85-1）

3.3 AAC外墙板布置

　　AAC标准规格板材宽度均为600mm。厚度以50mm为模数，外墙板最小厚度为50mm，最大厚度为300mm。长度以300mm为模数，外墙板长度一般为2400～3900mm。

　　对于无洞口外墙，AAC墙板应从墙体的一端开始沿墙长方向顺序排布。AAC墙板每隔不超过6m的距离设一道15～20mm的柔性伸缩缝，条板与条板之间一般设置缝宽不超过5mm的刚性缝。

对于有洞口的外墙，AAC墙板应从门窗洞口处向两端依次进行，门洞两侧应采用标准宽度板材。当墙体端部的墙板不足一整块板时，应设计补板，补板宽度尽量采用300mm。

对于超高墙体，AAC墙板不能直接上下连接，需增设一道钢结构过梁（图2～图10）。

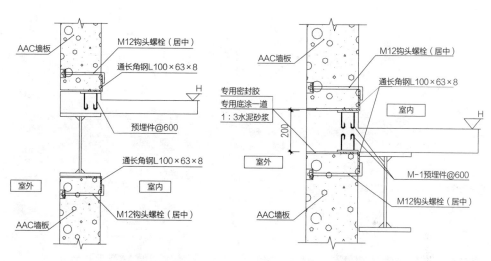

图2 楼层处连接节点一　　　　　图3 楼层处连接节点二：预埋件法

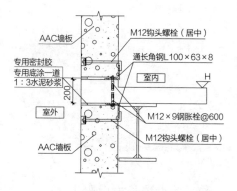

图4 楼层处连接节点三：钢胀栓法

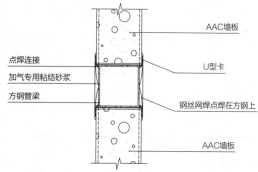

图5 超高墙体层间条板拼接节点

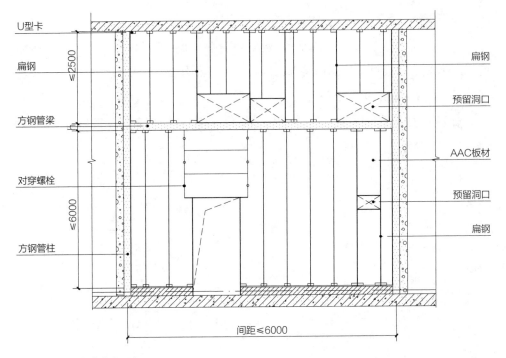

图6 超高墙体安装节点示意

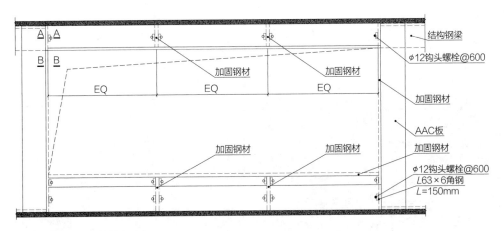

图7 超宽窗洞口安装节点示意

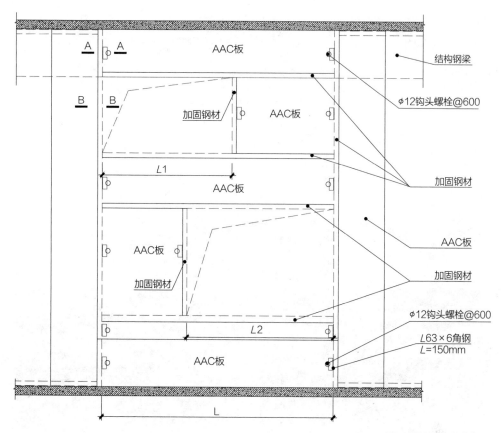

图8 错洞墙板安装节点

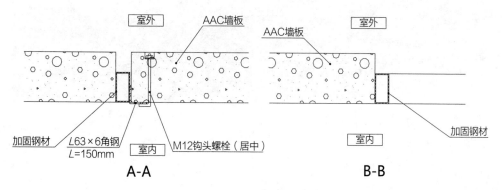

图9 剖切详图

图10　AAC外墙板应用示例

（图2～图10由金隔加气提供）

3.4 AAC外墙板安装方式

AAC外墙板按安装方式可分为外托挂式、半内嵌式和内平式三种（图11）。

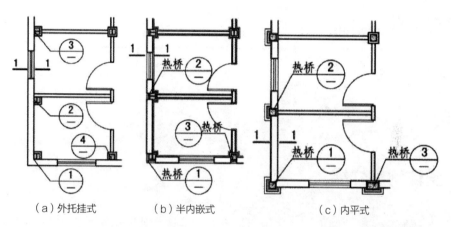

　　　（a）外托挂式　　　　　　（b）半内嵌式　　　　　　　（c）内平式

图11 AAC外墙板安装方式
（图片来源：图集19CJ85-1）

外托挂式主要特点：

1）施工快速；

2）整体一次性吊装，装配化程度高；

3）板缝采用物理防水措施，比较安全可靠；

4）室内梁柱外露明显，必须配合内装设计。

半内嵌式和内平式主要特点：

1）外饰面只需吊篮作业，装配化程度较高；

2）双层板错缝连接，精度有保证，防雨性能良好；

3）室内梁柱隐蔽性好，结合柱外凸做到不露梁柱。

新产品

整体厨房实施

1 整体厨房介绍

整体厨房≠整体橱柜。整体厨房拥有独有的墙、地、顶架空系统，可铺设水电管道及地暖层，创新SMC一体模压"冰箱式"柜体及多功能收纳系统，装配式全干法施工与模块化组装（图1）。

1.1 整体厨房的优点

（1）整体性好

整体厨房的最大特点就是整体性好，能增强空间的整体性，方便使用，可以让厨房环境更加整体干净、美观大方。

（2）安全舒适

通过设计师的专业设计，整体厨房可杜绝传统厨房存在的各种安全隐患，让我们在厨房烹饪时更加安全。并且整体厨房的设计巧妙地运用了人体工程学、人体工效学和工程材料学等原理，方便烹饪，让设计更加人性化。

（3）环保健康

厨房的使用频率很高，其环境卫生等情况都会直接影响烹饪者的健康。而整

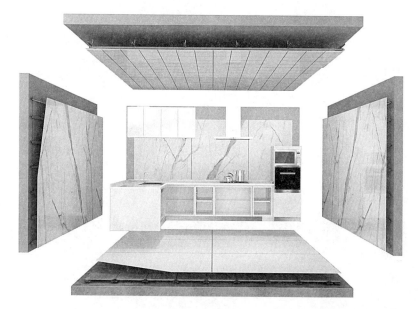

图1 整体厨房拆解图
（图片来源：芜湖科逸住宅设备股份有限公司提供）

体厨房在设计时就追求环保，所使用的通常也是无毒无害的环保型材质，这样在平常使用中，就无需担心有害物质会危害健康。并且整体厨房便于清洁打理，能减轻家务负担。

（4）材料先进

整体厨房使用的吊顶是一种防火阻燃材质，也是一种防静电的材质，它具有很好的耐潮湿特点，这个特点使得它比较适合在厨房里面使用，避免厨房装修因潮湿而发霉。

1.2 整体厨房体系

整体厨房体系详见图2。

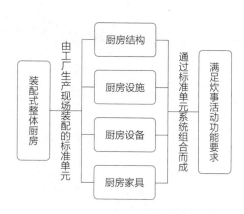

图2　整体厨房体系

1.3 整体厨房部品体系

【厨房结构】干法快装墙面：防滑、耐磨性好，真瓷砖选择范围广，连接构造精密，原墙体到完成面的预留尺寸为60mm。

【厨房结构】干法快装地面：原材绿色环保，规避干湿变形，使用规格广泛，饰面效果丰富，原结构楼板到完成面的预留尺寸为120~150mm。

【厨房结构】集成吊顶系统：厨卫铝扣板吊顶、软膜天花吊顶，便于管线维护、快速安装拆卸。

【厨房设施】快装分电系统：无需开槽凿墙，可随意移动位置，简单方便直观，抗干扰能力强。

【厨房设施】快装给水系统：材料耐久可靠，分水器补管灵活，检修维护便捷。

【厨房设施】同层排水系统：薄法空腔实施，施工界面整洁，空腔布管灵活，排水通畅无忧。

【厨房设备】厨房所需电器设备：油烟分离系统，垃圾处理避免细菌，满足中西烘焙。

【厨房家具】厨房所需家具产品：满足炊事活动所需要的操作台和存储柜等产品，施工便捷，应用广，省工省力。

1.4 整体厨房安装注意事项

（1）现场完成界面水平及垂直尺寸复核，允许误差±5mm；检测方法：钢卷尺测量。

（2）使用架空墙面系统时，现场墙面垂直度复核，允许误差≤10mm；检测方法：2m靠尺。

（3）使用架空墙面系统时，现场墙面平整度复核，允许误差≤8mm；检测方法：2m靠尺和塞尺测量。墙面方正性≤10mm。

（4）使用架空地面系统时，现场地面平整度复核，允许误差≤10mm；检测方法：2m靠尺和塞尺测量。对角线误差≤5mm；检测方法：5m钢卷尺。

（5）确认现场有无图纸上没有的障碍物，如横梁、管井等。如有需反馈给项目方案设计人，查明原因，确认是否影响项目安装。

（6）确认水、电管线及设备箱是否按照施工图要求施工。尺寸位置有较大偏差的，务必让甲方协调整改。施工时墙面能保持准确可见的管线标识，用记号笔做标记进行避让，特别在墙面调节脚、吊码片、烟机挂片、卫浴挂件和钢护墙后面的打孔部位。电路管线图、强弱电箱、水路管线图、隐藏式燃气管的位置，施工不统一，很难掌握管线走向。避免将管道打破，造成漏水、漏电、漏气，发生危险，产生砸墙修改，延误工期。

2　石家庄市某项目

项目位于石家庄市长安区，金茂慧创建筑科技（北京）有限公司主要施工范围为装配式集成厨房供应及安装工程，主要施工楼栋共计5栋，15个户型，合计618套整体厨房供应及安装，总计墙板为11100片。截至2022年9月，工厂加工已进入尾声，现场安装过半（图3、图4）。

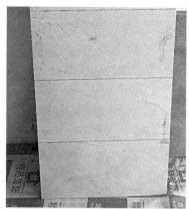

图3　整体厨房实施案例

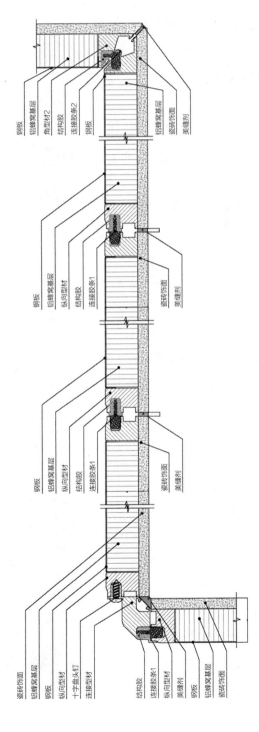

图4　整体厨房节点详图

整体卫生间实施

1 整体卫生间介绍

整体卫生间（也称整体卫浴、集成卫浴），是采用新型高科技材料，经过工厂预制化生产，制造出卫生间的地面、墙面、顶棚，在项目施工现场通过拼接的方式，实现整体的卫生间效果（图1）。

整体卫生间集成了洗漱、如厕、沐浴等配套设施，像生产汽车一样实现精密化生产，4小时即可完成一整套卫生间的安装。

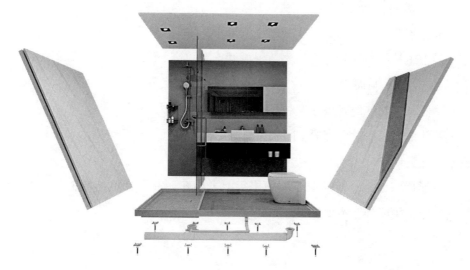

图1 整体卫生间拆解图
（图片来源：芜湖科逸住宅设备股份有限公司提供）

1.1 整体卫生间的优点

（1）有效防堵，抑制返臭

传统卫生间常出现漏水、返臭、堵塞等问题，难以检修清理，整体卫生间革新技术，攻克了各种难题。

（2）滴水不漏，坚固耐用

整体卫生间防水盘结构有10‰～16‰的流水坡度，便于水的流动，排水迅速。同时，其表面有良好的流水性，可增大水滴表面接触角，便于水滴在表面流动，水的残留较少。

（3）工厂生产，品质可靠

顶、地、墙在工厂标准化生产，产品质量稳定；现场规范化组装，杜绝由于现场装修工人水平、状态不一可能产生的质量不稳定。

（4）干法施工，效率高，工期可控

整体卫生间施工现场采用规范化组装，快捷高效，告别传统手工湿法作业，工序简单，即装即享。

（5）降低综合成本

降低建造成本：传统卫生间施工周期长达2周，涵盖泥瓦工、水电工、安装工等多个工种，相比较而言，整体卫生间安装仅需2个产业化工人的半天时间，大大提升效率，降低建造成本。

降低人工成本：大幅减少对人工的依赖，缓解用工荒。

降低维护成本：整体卫生间质量更稳定，干法装配式易于检修、售后，维护成本更低。

降低折旧成本：传统卫生间使用年限平均在5～8年，整体卫生间使用年限长达20年，年使用成本更低。

1.2 为什么用装配式整体卫生间

结合其他项目返修经验，传统卫生间前期入住率较低情况下报事维修量较大，特别是冬季导致的冻裂渗漏问题，物业维修困难，客户投诉情况较多。使用装配式卫生间整体底盘同层排水易检修，解决了部分返修痛点。

项目精装交房，施工周期较短且可能横跨冬季，湿作业施工周期较长，效率低，易空鼓。整体装配式卫生间施工无湿作业，效率高，对交付工期有保障。

对目标客群做了深度访问及实地装配式卫生间体验，客户接受度良好。特别是对环保无胶水、防霉、抑制细菌、易打理等优势，客户表示出很大程度的认同。

施工过程环保无污染，损耗低，可减少现场切割、粉尘及噪声污染。

整体浴室的接受度逐渐提高，在国外已经得到普及，日韩的使用率更高，市场前景趋势较好。

1.3 整体卫生间施工注意事项

第一，整体卫浴由方案规划至提供货物的时间将近1个月。在该期间项目能够展开土建施工，以及安装机电工程。整体卫浴供货之后，由供应商负责安装，且通过最后的验收。

第二，在土建施工过程中结合整体卫浴的实际规划准确留出孔洞套管等。

第三，在砌筑二次结构时应将整体卫浴安装界面留出来，正常情况下至少有一面隔墙等到防水底盘安装好以后再实施砌筑工作。

第四，对于隔层排水，排水管应在安装完整体卫浴之后由总包单位开展安装工作。

第五，对于同层排水，总包单位一定要将排水接口预留好，由卫浴厂商开展安装工作。

第六，电管、给水管由总包单位在顶板位置预留好接口，内部管线则由卫浴厂商负责安装。

第七，过门石、门框等由总包单位开展安装工作。

1.4 整体卫生间安装控制要点

第一，防水盘水平最为关键，一般采用红外线水平仪保证水平。

第二，加强成品保护，壁板上下平齐，安装过程中压条与墙板吸附表面应平整牢固，中缝压条应当低于墙板平面。

第三，给水系统需对每个进水管进行打压测试，验证需符合验收标准。

第四，电气系统的灯线、排风扇、插座等线路，加套管引至卫浴靠近顶部的检修口处的底盒内或甲方预留的接线盒内进行对接。各电源线路接线接头圈绕结实后，用防水胶布包好穿PVC套管并固定牢固，PVC管穿线均达到插座、电器位置。安装过程的每个环节需边安装边检验，注重成品保护和卫生清洁，在部品最后验收前做到安装到位、无污渍、干净整洁，为产品的安装质量提供保证。

2 济南市某项目

项目地块位于济南市历城区，总建筑面积约14万平方米，规划用地性质为商务金融用地。其中，公建项目采用装配式整体卫生间，总共123套。金茂慧创建筑科技（北京）有限公司主要施工范围为装配式整体卫生间供应及安装工程，截至2022年9月，现场安装已过半（图2、图3）。

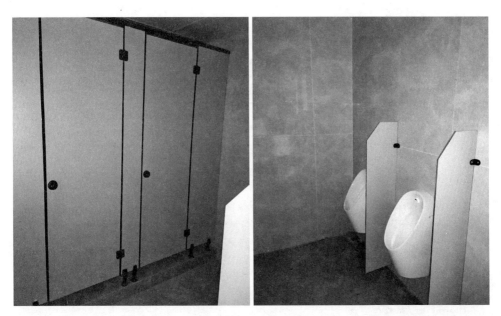

图2 整体卫生间实施案例

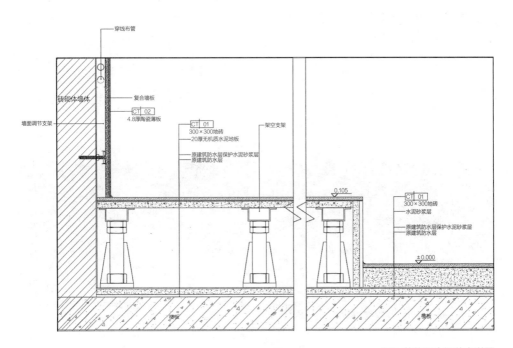

图3 整体卫生间节点详图

大跨度预制楼板

随着我国装配式建筑的不断发展，大跨度、大荷载的结构也越来越多，而大跨度预制板在这方面有着巨大的优势，其大多具有承载力高、经济性好、施工速度快、效率高的特点。本节将对钢制楼承板和预制混凝土楼承板两大类别进行介绍。

1 钢制楼承板

1.1 压型钢板楼承板

压型钢板是由镀锌薄钢板经辊压成型，其截面呈梯形、倒梯形或类似形状的波形，在建筑中用于楼板永久性支撑模板，也可被选用为其他用途的钢板（图1、图2）。

图1 压型钢板楼承板成品
（图片来源：山东万斯达公司产品手册）

图2 压型钢板楼承板的安装
（图片来源：山东万斯达公司产品手册）

优点：自重轻、施工速度快、效率高。

缺点：跨度小、刚度差，大跨度需要增加波高、钢筋难放置、混凝土用量大，民用建筑需要吊顶，易变形、易漏浆。

1.2 钢筋桁架楼承板

钢筋桁架楼承板是将楼板中的上下铁钢筋在工厂制作为钢筋桁架，并将钢筋桁架与镀锌板底模焊接为一体的楼承板（图3~图6）。

与以往的楼板施工方法不同，在施工现场可以将钢筋桁架楼承板直接铺设在钢梁上，经过简单的钢筋固定等工作，便可浇筑混凝土，提高了楼板施工效率。

钢筋桁架楼承板的组成：

（1）钢筋桁架：提供楼板施工阶段的刚度；代替楼板使用阶段的受力钢筋；钢筋直径可调，桁架高度可调。

（2）压型钢板：作为楼板施工阶段的模板；在楼板使用阶段不参与受力；厚度为0.5mm，板底平整。

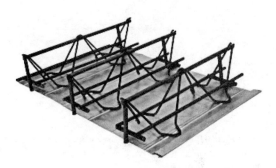

图3 钢筋桁架楼承板成品
（图片来源：多维联合集团产品手册）

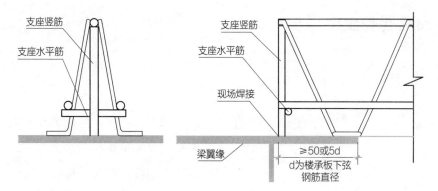

图4 支座钢筋示意图（现场切割后，支座竖筋与支座水平筋需现场焊接）

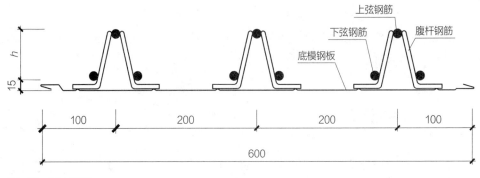

图5　楼承板大样图

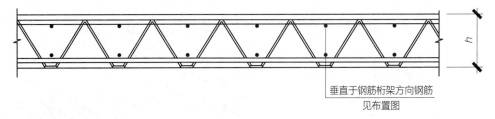

图6　楼承板立面图

钢筋桁架楼承板具有自重轻、施工速度快等优点，缺点是跨度小、刚度差、易漏浆、需吊顶。

2　预制混凝土楼承板

2.1　双T板

双T板是板、梁结合的预制钢筋混凝土承载构件，由宽大的面板和两根窄而高的肋组成。其面板既是横向承重结构，又是纵向承重肋的受压区。

在单层、多层和高层建筑中，双T板可以直接搁置在框架、梁或承重墙上，作为楼层或屋盖结构。在单层工业厂房中，双T板用作屋面板，可横向搁置于托梁或承重墙上，也可纵向搁置于屋架梁上。因双T板适于较大跨度，厂房可选用较大的跨度或柱网，借以取得较好的技术经济效果（图7~图9）。

优点：经济性好、承载力高、施工方便，用先张预应力构件更方便实现大跨度，无支撑、短工期，先张法预应力构件生产设备造价低、生产效率高，具有良好的结构力学性能、明确的传力层次、简洁的几何线条。

缺点：板间缝隙难处理、砂浆不易密实、柔性大刚度小、受温差影响大、嵌缝砂浆易碎裂。

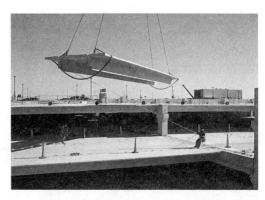

图7 双T板的吊装
（图片来源：多维联合集团产品应用交流会资料）

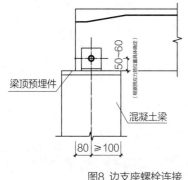

图8 边支座螺栓连接

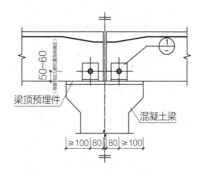

图9 中间支座螺栓连接

2.2 SP预应力空心板

SP板以预应力钢绞线、高标号水泥和优质沙石为主要原材料，采用先张法长线叠加生产，干硬性混凝土冲捣挤压成型。生产主机沿轨道行进，冲捣夯、孔芯模具、侧模板协同作用，同时完成三层混凝土的铺设、震荡、挤压过程，产品

图10 露骨料饰面SP板成品
（图片来源：河北榆构产品手册）

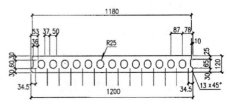

图11 SP12横截面图
（图片来源：标准05SG408）

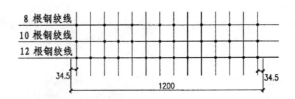

图12 SP12钢绞线布置图
（图片来源：标准05SG408）

在主机行进中一次成型。当混凝土达到规定强度后，即可放张、切割、调运出厂（图10～图12）。

SP预应力空心板的优点如下：

1）跨度大：不受模数限制，长宽可以任意切割，可以开洞、切角、切弧，使用非常方便灵活。不仅为建设单位提供了一种新型材料，并且为改进建筑结构、简化施工工艺、降低成本提供了可能性。

2）荷载高：可承受厂房、仓库、汽车停车楼所需重荷负载，并省掉部分横梁、立柱，提高建筑物使用价值。

3）抗震性能好：SP板采取挤压式生产工艺和机器内部抽出空心，提高了构件的质量。

4）生产效率高：SP板以预应力钢绞线为预应力筋，采用长线先张法叠合生产，干硬性混凝土冲捣挤压成型，自然养护，既可室内生产，又可室外生产，可靠性强，自动化程度高，生产效率高。

5）安装方便：采用预埋铁件的连接方法，施工简洁方便。

新工艺

密肋楼盖装配式模板

---

1 研究背景

1.1 现浇模壳密肋楼盖简介

　　密肋楼盖是由薄板和间距较小的肋梁组成，一般采用方形网格的梁板结构，肋梁间距不大于1.5m。无梁楼盖安全储备低，密肋楼盖结构为目前较好的可替代无梁楼盖降低建筑层高的结构形式。

　　现浇模壳密肋楼盖是采用可回收重复利用的塑料模壳施工工艺发展的楼盖形式，不需单独设置肋梁模板，现场可一次浇筑成型，施工速度快、自重轻、强度高、节能环保。

1.2 传统模壳模板施工痛点

　　传统施工方案工序：支撑脚手架→铺设木模板→定位模壳→木条封堵模壳间隙→胶带封堵防止漏浆→绑扎钢筋。

　　传统施工工序较多，施工效率无提升；且木模板没有减少，工人及材料使用也没有提效。基于此背景，市面上研发出了一种新型装配式周转模板体系（图1）。

2 新型装配式周转模板体系方案

2.1 装配式周转模板体系简介

装配式周转模板体系主要构件包括铝制水平支撑龙骨、装配式拼接托板、塑料模壳（图2~图4）。

2.2 模板支撑

2.2.1 柱帽模板支撑设计

柱帽底模支撑体系采用轮扣式支撑架，模板采用15mm覆膜木胶合板，100mm×50mm木方、间距200mm作次龙骨，双钢管（Φ48×3mm）作主龙骨，如图5所示。

车库盘口架体纵向间距900mm，横向间距900mm，步距不大于1200mm，可调托撑螺杆伸出长度不宜超过300mm，插入立杆的长度不得小于200mm。柱帽低于板底侧模采用50mm×100mm木方作次龙骨，利用单钢管作主龙骨并用直角扣件连接钢管包围一圈固定。

水平剪刀撑顶部和底部连续设置，架体外侧设置连续剪刀撑，柱帽

图1 传统施工工艺

图2 装配式周转模板体系三维图

图3 装配式拼接托板

图4　铝制水平支撑龙骨

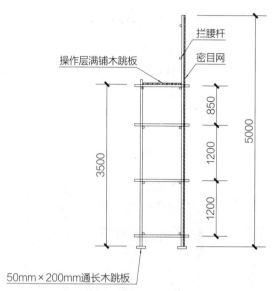

图5　轮扣式支撑架

底部设置连续剪刀撑。

2.2.2 模壳密肋梁模板支撑设计

（1）密肋次梁模板支撑设计

模壳密肋次梁底模支撑体系采用轮扣式支撑架，模板采用15mm覆膜木胶合板，100mm×50mm木方作次龙骨，双钢管（φ48×3mm）作主龙骨（图6）。

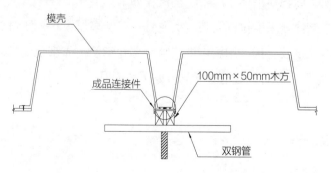

图6　模壳密肋次梁模板支撑

（2）密肋主梁模板支撑设计

密肋主肋梁下单独支设一根立杆，与周边板立杆相连，地下一层立杆纵距900mm，横距900mm，步距不大于1200mm。100mm×50mm木方、间距150mm作次龙骨，双钢管（φ48×3mm）作主龙骨（图7）。

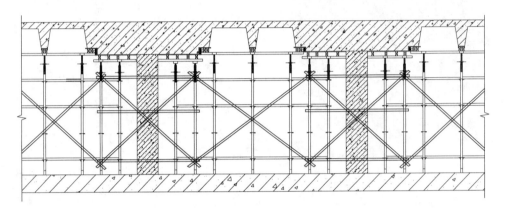

图7 模壳密肋主肋梁模板支撑设计

3 新型装配式周转模板体系施工工艺及操作要点简介

3.1 施工工艺流程

新型装配式周转模板体系施工工艺流程如下：

弹线→立支柱→纵横拉杆安装主次龙骨→安装多层模板→测量放线→安装模壳→肋间缝隙铺设胶合板→用胶带纸堵缝→绑扎钢筋（先绑肋梁，后绑板筋）→安装电气管线及预埋件→隐蔽工程验收→浇筑混凝土→养护→拆龙骨→拆多层板。

3.2 操作要点

3.2.1 施工准备

工序准备包括楼板模板支完并通过预检验收，框架结构的框架梁钢筋等已绑扎完成。材料主要有模壳，辅助材料有两模壳之间成品件，上面用胶带密封，防止漏浆。机具包括木工手枪、钳子、云石锯、吊运模板用成品吊笼等，其他均同普通实心现浇楼板。劳动力组织基本同普通实心现浇混凝土楼盖；需要增加模壳安装工序、抗移位设置及防漏浆工序；可安排钢筋班组进行。抗移位设置时，在确保模壳准备就位的前提下进行。

3.2.2 模板安装

模壳支撑方案按一般楼板模板支撑的方案要求布置，支撑完毕，先安装框架梁模板，最后铺设塑料模壳底部方木，并按要求进行双向起拱：柱网中心起拱值为跨度（短跨）的0.2%~0.3%，柱上主肋梁为跨度的0.1%~0.15%。

3.2.3 模壳安装

1）按照设计排列图要求，在板模板上放线，保证后续肋梁钢筋绑扎和模壳安装的位置准确。依据轴线，放出纵横向肋梁控制线，肋梁间即是安放模壳的位置。在覆膜方木上放线可采用白涂料等代替墨汁，以保证所放线清晰牢靠。

2）将模壳吊运到板面上，并分散堆放，以免造成过大的集中荷载。

3）模壳铺设前，应安排工人检查模板架是否牢靠。

4）安装时应安排两人同时抬放，按事先弹的分格线摆放。安装过程中应注意对模壳的保护，不得破坏。模壳放置完毕，中间加胶合板并用胶带密封，防止漏浆。

5）摆放完毕后，安排专人对模壳进行调整，以确保肋梁的顺直和断面尺寸准确。在确保模壳准确就位的前提下，紧贴模壳四周角部在木板上用胶带密封。

6）模壳安装完毕后，在浇混凝土前，模壳外部粉刷脱模剂或润滑液，便于模壳减少破损（图8）。

图8 模壳安装

3.2.4 钢筋安装

绑扎肋梁钢筋：为保证肋梁尺寸准确，预先用钢筋按照肋梁界面内净尺寸焊好井字形支撑马凳，沿肋梁纵向每隔2m设置。绑扎完毕后，拉线检查并调整好肋梁的位置，使其顺直。注意保证区格板周边和柱周围楼板设计实心部分的尺寸。在绑扎过程中要注意肋梁钢筋和板面钢筋的同层同向，减少钢筋重叠以降低高度，保证板面钢筋的保护层厚度。

3.2.5 铺设预埋管线

1）水电管线、暗盒等都尽量安装在模壳上部，并用胶带固定。

2）消防管、雨水管等楼板套管及配电管井预埋在梁、柱边的楼板实心调整区域内。

4 总结

密肋楼盖装配式模板具有较高的操作性和社会效益，不仅操作简单、施工速度快、效率高，而且铝制模板轻质高强，拼装连接可靠，此外，模板还可以循环利用，符合国家低碳环保的战略要求。

成品烟道

随着建筑行业的发展，成品烟道的用途越来越广泛，无论是在废气治理还是在烟雾排放过程中，甚至在厨房排烟、卫生间排气等方面都有重要的应用（图1）。

烟道是废气和烟雾排放的管状装置，住宅烟道是指用于排除厨房烟气或卫生间废气的竖向管道制品，也称排风道、通风道、住宅排气道。成品烟道是指提前预制加工、现场安装的烟道，区别于传统的砌筑烟道，近年来逐渐替代原来的人工烟道，主要有以下优点：

1）自重轻，强度高，不变形；

2）耐火性能好，抗柔性冲击性能强；

3）便于安装，隔声性能好，不易破坏。

图1　住宅成品烟道

1 成品烟道基本介绍

1.1 规范图集

涉及烟道的规范图集：

1）国家标准《住宅设计规范》GB 50096—2011

2）国家标准《建筑设计防火规范》GB 50016—2014（2018年版）

3）国家标准《住宅建筑规范》GB 50368—2005

4）建材行业标准《玻璃纤维增强水泥（GRC）排气管道》JC/T 854—2021

5）住房和城乡建设部颁布的建筑工业行业标准《住宅厨房和卫生间排烟（气）道制品》JG/T 194—2018

6）国家标准《住宅排气管道系统工程技术标准》JGJ/T 455—2018

1.2 基本性质

（1）材料

《住宅建筑规范》《建筑设计防火规范》等强制性条文规定，住宅建筑中排烟道耐火极限应不低于1.00h，所以很多材料都不能用来制作烟道，常用的有以机械化组合拼装成的高强玻镁耐火烟道板、硅酸盐水泥内夹钢丝网及其他增强材料预制而成的高强耐火排烟道（图2、图3）。

（2）外形尺寸

成品烟道选择时要注意尺寸。规范中规定烟道的外截面尺寸主要和层数有关，层数越高，尺寸越大。成品管道壁厚为15mm左右，不用考虑内尺寸。

常用的风道外形断面尺寸如下：①6层以下，320mm×240mm；②12层以下，340mm×300mm；③18层以下，430mm×300mm；④24层以下，460mm×400mm；⑤30层以下，600mm×400mm；⑥36层以下，600mm×500mm。由于地方政策不同，尺寸存在差异。

图2　硅酸盐水泥烟道

图3　高强玻镁耐火烟道

（3）外观质量

1）排气道的内外表面不应有裸露钢丝网、蜂窝、塌陷和空鼓现象；

2）排气道流通截面为矩形时拐角应做成圆角或倒角；

3）排气道端面应平整无飞边，且与管体外壁面相垂直；

4）排气道的内表面应平整、光滑、无麻面，不应有裂纹。

1.3 防火及安装要求

《住宅厨房和卫生间排烟（气）道制品》JGT 194—2018中要求：

1）排气道应预留进气口，并注明进气口标高；

2）支管进入排气道的气流方向应与排气道内的气流方向相同；

3）排气道制品的耐火性能不应低于1.0h；

4）任何管线严禁横向和竖向穿越排气道；

5）排气道应做承托处理，承托间隔不应超过5层；

6）防火止回阀应与吸油烟机型号适配，避免吸油烟机吹不开止回阀；

7）排气道在楼板上的预留洞尺寸应根据排气道截面适当扩大。

1.4 现状问题

房屋在交付使用后，往往会被反馈厨房有漏烟串味的问题。由于其中情况复杂，以下情况都可能会导致该问题：

1）运输产生的裂缝等质量问题；

2）安装施工不规范，导致产生错位与缝隙；

3）止回阀的质量参差不齐；

4）楼层高度对排烟的影响。

如从根本上解决漏烟串味、排烟困难等问题，提供一套高效、安全的解决方案，需要在原有成品烟道材料和工艺上推陈出新，研究新材料和新工艺。

2 设计与理论分析

在高层民用建筑中，国内目前常用的厨房集中机械排风系统主要有以下三种形式：集中式——屋顶风机的排风系统；分散式——厨房设通风器的排风系统；混合式——屋顶风机与厨房通风器串联系统（图4）。

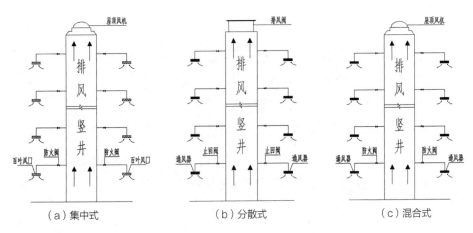

（a）集中式   （b）分散式   （c）混合式

图4 排风形式

常见的烟道排烟方式有以下四种（图5）。

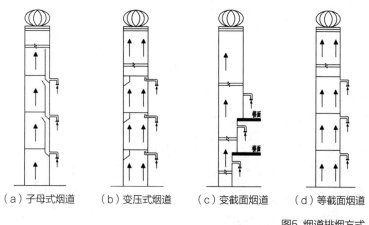

（a）子母式烟道　　　（b）变压式烟道　　　（c）变截面烟道　　　（d）等截面烟道

图5 烟道排烟方式

高层住宅中常用的烟道形式是变压式烟道和等截面烟道。7层以下的建筑物中有采用独立组合式排放系统的，在中高层住宅中也有采用变截面烟道的；还有人提出采用"集中式机械排风系统"，这些形式在实际工程中也都有应用。

3 材料及技术创新

烟道系统由成品烟道、止回阀、风帽三部分组成，如何从材料上防止漏烟，需从这三部分入手。

3.1 成品烟道

目前成品机械烟道的生产要求如下：

1）选用质量高的建筑用砂、高强度聚合物砂浆干料、水、钢丝网等；

2）材料配比按照成品烟道展开面积计算，严格控制每平方米13kg高强度聚合物砂浆干料；

3）骨料砂按干料的一半配，水的配比约等于干料重量；

4）钢丝网采用不低于0.7mm的热镀锌钢丝网，使用前按烟道外廓尺寸减15～20mm折成烟道的形状，长度为烟道长度扣减9mm，注意钢丝网需重合不少于50mm。

烟道的强度要求：

1）排气道垂直承载力不应小于90kN；

2）耐软物撞击中使用10kg沙袋，由1m高度自由下落，在排气道长边侧壁中心同一位置冲击5次的条件下，排气道未产生裂缝。

原来的硫酸盐水泥制品因为不耐火，已经禁止使用，现在用的是高强度玻镁板或者硅酸盐水泥制品。玻镁板因为不耐水性，长期受水侵蚀的话，强度会大打折扣，所以不考虑使用这种材料。

目前在研究的新型材料由硅酸盐水泥及骨料添加剂构成。通过改变密度、增加骨料等措施，来实现防火性能好、强度合规、重量轻的目的，可以使现场搬运、安装方便快捷，提高施工效率（图6）。

图6 成品烟道生产过程

3.2 止回阀

烟道止回阀是家庭中的安全卫士，它可以有效地阻止公共烟道中他人家中排出的有毒气体和油烟倒灌进入自己家里，同时也可以防止蚊子、飞蛾、苍蝇等飞虫以及壁虎等爬虫进入家庭（图7）。

目前烟道止回阀种类繁多，价格从低到高均有，不同价位止回阀的气密性、防火安全性、使用寿命是有很大差异的（图8）。

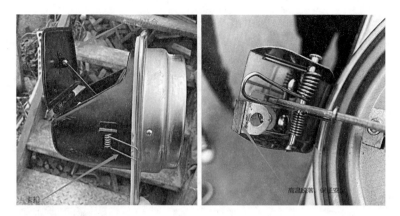

图7　止回阀构造

图8　市场常见止回阀

据调研，目前漏烟串味等问题80%都是出现在止回阀上。所以我们从止回阀入手，构思了新型的止回阀，在满足基本功能和规范要求的前提下，新型止回阀具有一定的优势和创新：

1）具有导流功能，更好地排烟；

2）构造优化，防止倒灌问题；

3）性价比高，使用寿命长。

3.3 风帽

屋顶风帽是利用自然界的自然风速推动风机的涡轮旋转及室内外空气对流的原理，将任何平行方向的空气流动，加速并转变为由下而上垂直的空气流动，以提高室内通风换气效果的一种装置。

目前风帽种类繁多，价格从低到高均有，不同价位风帽的构造有很大的差异（图9）。

图9 常见屋顶风帽

4 施工工艺

烟道施工过程是最关键的阶段，材料再好，施工工艺不达标准，仍会导致漏烟（图10）。

4.1 进场验收

项目应对烟道厂家进行考察，选用品牌烟道；由项目部通知监理单位及工程部在烟道进场前一同对烟道规格尺寸（长度、宽度、平整度、垂直度、对角线、壁厚等）、观感质量验收，不合格烟道不允许进场。

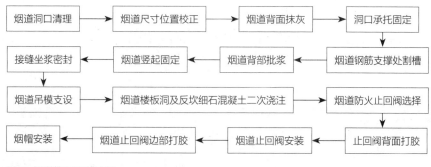

图10 烟道施工工艺流程

对排烟道安装隐蔽部墙面基层处理，对混凝土墙面螺杆洞封堵，对砌体灰缝饱满度检查以及砌体墙背面粉刷。

成品烟道搬运过程应防止碰、撬、摔等机械损伤，安装前需检查排烟道是否有破损并清理其内外表面杂物，破损的排烟道不得安装（图11）。

图11 进场验收

4.2 土建施工

（1）烟道安装

安装前核对洞口尺寸，避免洞口过大（比烟道大5cm即可）；根据规范要求，从下往上安装排烟道，垂直误差控制在5mm以内。

　　按规范要求每3层放置2根直径不小于12mm的钢筋进行承托（应牢固可靠，靠墙侧的承托件应支撑于墙体内，不应悬置浮搁于墙体端侧）；进行烟道背部批浆、结合面挤浆处理（图12）。

清理定位　　　　　　　割槽放筋　　　　　　　背部批浆　　　　　　　竖起固定

图12 烟道安装

（2）层间封堵及反坎浇捣

　　上下两节烟道对接，应用水泥砂浆加胶粘剂密封，坐浆应饱满。中途停顿时，应在烟道开口部位临时封盖，避免杂物进入烟道。

　　排烟道安装完成后，楼板预留洞与排烟道周边需进行凿毛、清理以及润浆清理。

　　楼板预留洞与排烟道之间的空隙采用C20细石混凝土分两次浇灌填实。

　　根据控制线完成支模植筋，使用不低于C20细石混凝土浇捣填实，反坎高度不得低于50mm，宽度最大不得超过60mm；浇捣养护完成后拆模（图13）。

凿毛清理　　　　　　　坐浆密封　　　　　　　吊模浇混凝土　　　　　　养护拆模

图13 层间封堵及反坎浇捣

（3）土建施工

排烟道与墙面交接缝隙采用发泡剂填塞密实；

待发泡剂表面成膜硬化后挤压密实；

在顶板阴角及竖向阴角部位挂耐碱网格布并批刮交界面剂，网格设置每边搭接150mm；

挂网粉刷完成。

需要注意的是，排烟道与墙面的缝隙较小，发泡剂应充分密实防止废气外溢扩散至户内；避免出现外侧墙体砌筑完成，但内侧交接缝隙仍未填塞到位的情况（图14）。

发泡剂填塞　　　　挤压密实　　　　挂网粉刷　　　　完成效果

图14 土建施工

4.3 防窜烟试验

土建总包完成烟道安装工序后，对烟道进行自检工作，针对现场因施工或安装过程中造成的烟道壁轻微破损及开裂进行修补；自检合格后，发起移交申请（排水立管建议设置在烟道管井砌筑外侧）。

监理单位收到移交申请后组织土建总包和精装总包进行移交工作，移交时土建总包进行窜烟实验，监理单位同精装总包一同检查烟道漏烟情况，无漏烟楼层精装总包接收负责管理，仍存在漏烟楼层由土建总包继续整改合格后再次移交。

烟饼   实验过程

图15 防窜烟实验

窜烟实验指引：三人及以上实验小组，以4～6层为一个检测段；烟饼（建议使用彩色烟饼）持续点燃三个以上或两台制烟机配合鼓风机同时制烟，确保烟道内烟雾浓度及体量，观察屋面烟道排出烟雾后，立即对烟道排烟口进行密封，检查制烟层以上4～6层窜烟情况，检查时必须站在梯子上用强光手电仔细观察止回阀周边及烟道阴角处（图15）。

4.4 精装施工

根据精装修排版图在墙面弹出墙砖完成面尺寸控制线，按间距50cm设置砌筑拉结筋（建议排水管设置管井砌筑外侧）。

结合墙砖完成面控制线在反坎上翻部位砌筑管井。

砌筑至顶部位置预留止回阀安装位置。

砌筑完成后开始粉刷，粉刷时砌筑顶部水平面与烟道壁缝隙一并粉刷找平。

根据装修吊顶标高需求对烟道定位开孔、止回阀安装，采用硅酮耐候密封胶封粘接。

需要注意的是，检修孔的留置需满足后续检修；排烟道管井墙体与已砌筑完成墙体间需有效连接（图16）。

画控制线　　　　　　砌筑墙砖　　　　　　预制位置

墙壁粉刷　　　　　　止回阀安装

图16　烟道精装施工

新材料

微孔陶隔声吸声研究

1 产品规格参数

微孔陶吸声板是基于传统吸声材料在防潮、环保等方面不足情况下开发出来的新一代吸声材料，系统无机材料，在阳光暴晒、冷热剧变、风雨交加等条件下，不开裂、不收缩、不变形、不老化，抗折、抗冲击，性能稳定，完全与建筑物同寿命。在建筑主体生命周期内，使用微孔陶吸声板不需要进行产品更换。

微孔陶吸声板的规格尺寸目前分为两种：①长×宽×厚=600mm×600mm×12mm；②长×宽×厚=1200mm×600mm×12mm。

2 应用场景

2.1 专业声学场所

微孔陶吸声板适用于剧院、音乐厅、演艺中心、会展中心、录音室、演播室等专业声学场所。

2.2 需要吸声降噪的公共场所

微孔陶吸声板适用于医院病房、教室、会议室、博物馆、展览馆、办公室、营业厅、食堂、接待室、拍卖厅、候车（机）室、审判厅、图书馆、画廊、健身中心、购物中心、酒店大堂等场所。

2.3 设备机房降噪和声屏障领域

微孔陶吸声板制作声屏障，适用于铁（公）路、电力（纯无机、非金属）、隧道、煤井的声屏障；适用于设备机房如空调机房、水泵机房、电梯机房、工厂车间等需要吸声降噪的场所（图1）。

设备机房应用　　　　　　　　　　　　走廊吊顶应用

清华大学教授餐厅应用　　　　　　图1 应用场景

3 材料对比分析

由清华大学建筑声学实验室与同济大学国家土建预制装配化陶粒板材研究中心联合研制，推出微孔陶静音板，其良好的吸音效能和装配式按照方式必将引领行业发展（图2）。

图2 微孔陶静音板性能与应用

项目	规格(mm)		静音			防火	环保(甲醛、TVOC)	抗折	抗冲击	湿胀率
	吸音	隔音	吸音(NRC)	高吸(NRC)	隔音(dB)					
数据	600×600×9 600×600×12	1200×600×16	0.4	0.55~0.9	36~56	A1	未检出	2.0MPa	2.6kJ/m²	0.08%

产品概述

微孔陶静音板由清华大学建筑声学试验室、同济大学国家土建结构预制装配化陶粒板材技术研究中心会同山东济宁泽众资源综合利用有限公司联合研发的新型绿色建筑装饰静音产品。

该产品是以河道(城市)淤泥烧制陶粒为骨料,采用科学级配、强力聚合、归方切割而成。技术原理:切开陶粒外皮,散露无数微孔,利用介质结构与声波折射率关系,当声波通过时,产生干涉、衍射、折射、偏振、摩擦和"质量弹簧原理",损耗声音能量,达到静音效果。

通过国家权威部门检测鉴定:微孔陶静音板系当今世界最先进的新型绿色静音材料,它填补了国际声学材料空白。并申请两项国家发明专利。

产品性能

一、静音性能好。经清华大学建筑环境检测中心测试:吸音板降噪系数为0.4;高吸板为0.55~0.9;单层高隔板为36分贝;双层50分贝;四层高隔板达到56分贝。

二、环保性能优。经国家建筑材料测试中心检测,甲醛和TVOC释放速率检测结果为:未检出。无没有任何异味。

三、防火性能高。骨料经1100℃高温煅烧而成,经国家固定灭火系统和耐火构件质量监督检验中心测试结果为:A1级,为最高等级。

四、防腐性能强。防水、酸、碱、盐等侵蚀,适用于地下阴暗潮湿和室外雨、雪、风、霜等恶劣气候环境。

五、装饰性能美。板材平整、归方。可设计大型平面无缝装饰面(2000平方米以上),也可做成波折、圆形、弧形、跌型等,还可做成各种颜色和图案。

六、使用寿命长。板材系统无机材料,在阳光暴晒、冷热剧变等条件下不开裂、不收缩、不变形、不老化,抗折、抗冲击,性能稳定,完全与建筑物同寿命。

产品应用

一、专业声学建筑。剧院、音乐厅、电影院、录音室、演播室、演艺中心、会展中心、KTV等需要保证音质的场所。

二、人员聚集场所。候车(机)室、地铁站、博物馆、图书馆、教室、病房、商场、酒店、会议室、营业厅、接待室、健身房、浴室等需要吸声降噪的场所。

三、高档住宅装修。客厅、卧室、书房、琴房、卫生间吊顶(降噪2-3分贝,消耗声能50%,提高深度睡眠10%以上)、下水管道隔音等需要高品质生活的住所。

三、预制装配化建筑。电梯井封堵、内墙隔音(墙体薄、效果优)、防火隔热等建筑标准要求高的场所。

五、各种声屏障。铁(公)路、隧道、电力、煤井声屏障,机站泵房,工厂车间等对环境要求较高的场所。

六、国防军事设施。地下人防(车库)、地下掩体、室内射击场等特殊场所。

绿色环保

质量耐用

不易变形

图2 微孔陶静音板性能与应用(续)

Product introduction
产品简介

微孔陶静音板由清华大学建筑声学试验室、同济大学国家土建结构预制装配化陶瓷板材技术研究中心会同山东齐宇浮众贸易综合利用有限公司联合研发的新型绿色建筑装饰静音产品。

微孔静音板以河道（城市）淤泥陶粒为骨料，采用科学级配，强力聚合，刀切而成型。技术原理：利用陶粒细孔堵充陶粒抗与声波匹配关系，当声波遇到，从而耗损声音能量，达到静音效果。经过研究探索，现已发展定型吸音板、高级、吸隔板、高隔板和特种板五种系列产品。

通过国家权威部门检测鉴定：这是我国自主研发的，当今世界最先进的新型绿色静音材料，它填补了国际新学材料的空白。2020年7月，申请高项国家发明专利（专利号20202130744 3.2和20201064435.1），并被山东省评为2020年度优秀科技项目（省发改[2020]1285号）。

微孔陶静音板系列产品

Product performance
产品性能

一、静音性能好
经清华大学建筑环境检测中心测试：吸音板静噪系数为0.4，高级板0.55-0.9；单层高隔板为36分贝，双层50分贝，四层高隔板达到56分贝。

吸声系数曲线图　　　隔音量曲线图

二、环保性能优
经国家建筑材料测试中心检测，甲醛和TVOC释放速率检测结果为：未测出，无没有任何异味。

三、防火性能高
骨料检测1100℃高温燃烧不炸，经国家固定灭火系统和耐火构件质量监督检验中心测试结果为：A1级，为最高等级。

四、耐腐性能强
耐磨损性，适用于地下阴潮湿和盐泉外药、雪、风、霜等各种气候环境。

五、装饰性能美
板材平整、归方，可设计大型平面无缝装饰器（2000平方米以上），也可做成波形、圆形、弧形、异型等，还可做成各种颜色和图案。

六、使用寿命长
板材属无机材料，在阳光暴晒、冷热剧变等条件下不开裂、不收缩、不变形、不老化、抗折、抗冷冻、性能稳定，完全与建筑物同寿命。

产品指标 Product index

规格（mm）								

Product application
产品应用

专业声学建筑 剧院、音乐厅、电影院、录音室、演播室、演艺中心、会展中心、KTV等需要保证音质的场所。

人员聚集场所 车站（机）室、地铁站、博物馆、图书馆、展览室、病房、商场、酒店、会议室、办公室、礼堂等需要降噪音除噪的场所。

高档住宅装修 客厅、卧室、书房、导房、卫生间吊顶（降噪2-3分贝，消耗声能约50%，隔离深度降噪10%以上）、下水管道隔音等提高品质生活的结所。

预制装配化建筑 电梯井孔墙、内墙隔音（墙体薄、效果优）、防火隔热等建筑降噪要求高的场所。

各种声屏障 铁（公）路、隧道、电力、煤热异等隔音机钻房等，工厂车间等对环境要求较高的场所。

国防军事设施 地下人防（车库）、地下军事、室内封闭式特殊场所。

安装工艺

微孔陶静音板安装工艺

顶系列　　　　墙系列

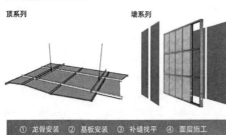

① 龙骨安装　② 基板安装　③ 补缝找平　④ 面层施工

微孔陶静音板安装工艺

1 在原墙面安装龙骨（轻钢或木龙骨）并填充吸音棉

2 采用电钻开孔自攻螺丝固定或用气钉枪钢钉固定隔音板

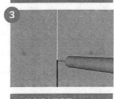

3 隔音板之间需留2-3mm缝隙并用密封胶密封

4 隔音板找平并进行面层施工

图2 微孔陶静音板性能与应用（续）

微孔陶静音板与其他传统吸声材料对比分析详见表1。

微孔陶静音板与传统吸声材料对比

表1

产品类型	吸声构造	施工周期	产品价格	耐久性	防火性	环保性	防潮性
微孔陶静音板	①顶部：与矿棉板安装方法一致（龙骨+微孔陶静音板） ②墙面：与石膏板安装做法一致（龙骨+微孔陶静音板+面层喷涂）	和穿孔硅酸钙板、穿孔石膏板一致	110元/m²	优	A2级	优	优
穿孔铝板	①顶部：标准做法（龙骨+50mm玻璃棉+穿孔铝板） ②墙面：标准做法（龙骨+50mm玻璃棉+穿孔铝板）	较快	90元/m² （含吸声棉）	优	A2级	一般*	良*
矿棉板	①顶部：标准做法（龙骨+矿*棉板） ②墙面：标准做法（龙骨+矿*棉板）	快	40元/m²	差	A2级	一般*	差
穿孔硅酸钙板	①顶部：标准做法（龙骨+50mm玻璃棉+穿孔硅酸钙板+找平刷漆） ②墙面：标准做法（龙骨+50mm玻璃棉+穿孔硅酸钙板+找平刷漆）	普通	90元/m² （含吸声棉）	优	A2级	一般*	良*
穿孔石膏板	①顶部：标准做法（龙骨+50mm玻璃棉+穿孔石膏板+找平刷漆） ②墙面：标准做法（龙骨+50mm玻璃棉+穿孔石膏板+找平刷漆）	普通	75元/m² （含吸声棉）	差	A2级	一般*	一般

说明：（1）以上产品价格为市场参考价，传统板材按照材料+50mm吸声棉的综合价格；（2）微孔陶瓷吸声板110元/m²报价为在设备机房等装修要求较低场所，对于剧场、报告厅等装饰性较高场所，其产品总综合价格会在180～200元/m²（做法为板材+找平层+表面喷涂层）；（3）防潮性：防潮性是按照穿孔板材+吸声棉综合评价；（4）环保性：矿棉板本身是矿棉和玻璃纤维类材料，属于不环保吸声材料，否则无法满足吸声构造里面均采用此吸声材料，其他构造里面均采用此吸声材料，否则无法满足吸声构造的要求，也导致其环保性能一般。

4 项目案例及实验结果

　　住宅项目中布置有大量机电设备机房，如送风机房、排风机房、排烟机房、变配电室、生活和供暖泵房等。这些设备在运行时，会产生振动与噪声，噪声声能从设备中不断向外辐射出来，机房各个表面铺设的吸声材料能够将房间内的声能消耗，起到降噪效果。设备机房良好的吸声处理能够使得机房内的噪声级降低5~8dBA，主观上感觉到噪声明显减小，从而降低机房内部噪声及对住宅建筑环境的影响。按照规范要求，有明显噪声的设备机房内需要做强吸声处理。下图为济南某项目机房实施情况，经清华大学声学实验室测试，相关数据远超降噪要求。

　　图3、图4为完成效果。

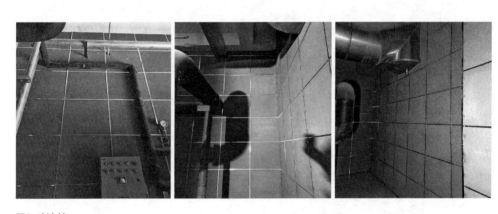

图3 喷漆前

图4 喷漆后

图5为清华大学声学实验室测试结果。

机房声学检测及吸声材料评估报告

清华大学建筑物理实验室

2022-07

表 3.2-1 不同吸声材料布置机房的混响时间测试结果统计表						单位：(s)
机房编号	频率\测点	63Hz	125Hz	250Hz	500Hz	1kHz
机房 1（微孔陶静音板）	测点 1	0.79	0.61	0.29	0.22	0.21
	测点 2	0.83	0.52	0.30	0.24	0.20
	测点 3	0.71	0.53	0.30	0.21	0.26
	测点 4	0.78	0.56	0.28	0.23	0.24
	测点 5	0.85	0.60	0.31	0.24	0.26
	测点 6	0.72	0.64	0.36	0.27	0.23
	平均值	**0.78**	**0.58**	**0.31**	**0.24**	**0.23**
机房 2（穿孔铝板）	测点 1	0.68	0.44	0.52	0.30	0.27
	测点 2	0.72	0.39	0.48	0.34	0.27
	测点 3	0.86	0.64	0.63	0.32	0.26
	测点 4	0.79	1.28	0.71	0.32	0.26
	测点 5	0.66	0.66	0.42	0.38	0.28
	测点 6	0.79	0.88	0.53	0.29	0.27
	平均值	**0.75**	**0.72**	**0.55**	**0.33**	**0.27**
机房 3（矿棉板）	测点 1	1.67	0.67	1.22	0.82	0.79
	测点 2	2.26	2.04	1.58	1.12	0.86
	测点 3	1.34	2.31	1.70	1.34	0.87
	测点 4	2.49	1.83	1.01	0.80	0.62
	测点 5	2.92	1.93	1.36	1.04	0.98
	测点 6	2.04	2.12	1.90	1.33	0.86
	平均值	**2.12**	**1.82**	**1.46**	**1.08**	**0.83**

图5 清华大学声学实验室测试结果

新技术应用实践

| 北京市政策介绍

1 政策文件

《北京市人民政府办公厅关于进一步发展装配式建筑的实施意见》（京政办发〔2022〕16号）

《北京市装配式建筑项目设计管理办法》（市规划国土发〔2017〕407号）

《关于加强装配式混凝土建筑工程设计施工质量全过程管控的通知》（京建法〔2018〕6号）

2 政策分析

2.1 执行政策调整

根据近期出台的《北京市人民政府办公厅关于进一步发展装配式建筑的实施意见》，北京市的装配式政策发生了一系列变化，具体调整内容如下。

（1）实施范围调整

原政策文件要求：

"通过招拍挂文件设定相关要求，对以招拍挂方式取得城六区和通州区地上建筑规模5万平方米（含）以上国有土地使用权的商品房开发项目应采用装配式建筑；在其他区取得地上建筑规模10万平方米（含）以上国有土地使用权的商品房开发项目应采用装配式建筑。"

"在上述实施范围内的以下新建建筑项目可不采用装配式建筑：

——单体建筑面积5000平方米以下的新建公共建筑项目；

——建设项目的构筑物、配套附属设施（垃圾房、配电房等）；

——技术条件特殊，不适宜实施装配式建筑的建设项目（需经市装配式建筑专家委员会论证后报市装配式建筑联席会议办公室审核同意）。"

根据《北京市人民政府办公厅关于进一步发展装配式建筑的实施意见》（京政办发〔2022〕16号）：

"通过招拍挂文件等方式设定相关要求，商品房开发项目、新建地上建筑面积2万平方米以上的公共建筑项目、工业用地上的新建厂房和仓库应采用装配式建筑。

在上述实施范围内，项目中单独建设的构筑物和配套附属设施（垃圾房、配电房等）可不采用装配式建筑。"

解析：取消区域面积限制条件，无单体面积控制指标要求，除单独构筑物和配套附属设施外，其余所有建筑单体均实施装配式，装配式实施范围扩大。

（2）单体指标调整

原政策文件要求：

"采用装配式建筑的项目应符合国家及本市的相关标准。装配式建筑应满足以下要求：

1. 装配式建筑的装配率应不低于50%。

2. 装配式混凝土建筑的预制率应符合以下标准：建筑高度在60米（含）以下时，其单体建筑预制率应不低于40%，建筑高度在60米以上时，其单体建筑预制率应不低于20%。"

根据《北京市人民政府办公厅关于进一步发展装配式建筑的实施意见》（京政办发〔2022〕16号）：

"采用装配式建筑的项目应符合国家及本市的相关标准，其装配率应满足《装配式建筑评价标准》DB11/T 1831—2021的要求。

1. 新建地上建筑面积2万平方米以上的保障房住房项目和商品房开发项目，各单体建筑装配率应不低于60%。

2. 新立项政府投资的地上建筑面积3000平方米以上的新建建筑、新建地上建筑面积2万平方米以上的公共建筑项目、工业用地上的新建厂房和仓库等，各单体建筑装配率不低于50%。"

解析：无预制率要求；保障住房项目及商品房开发项目装配率由原来的50%调整至60%。

2.2 执行标准调整

根据《北京市规划和自然资源委员会关于进一步明确施工图审查执行新标准时间的通知》，北京市施工图设计文件审查执行新标准的时间规定如下：对于新建项目，以取得《建设工程规划许可证》为准，新标准正式实施前已取得《建设工程规划许可证》（在有效期内）的项目可按原标准进行审查。

根据以上文件内容，凡2021年7月之后取得《建设工程规划许可证》的项目均需要执行《装配式建筑评价标准》DB11/T 1831—2021。

根据《装配式建筑评价标准》DB11/T 1831—2021，装配式建筑评分表见表1。

装配式建筑评分表　　　　　　　　　　　　　　　　　　　　表1

评价项		评价要求	评价分值	最低分值
主体结构 Q_1（45分）	柱、支撑、承重墙、延性墙板等竖向构件*	35%≤比例≤80%	20~30*	15
	梁、楼板、屋面板、楼梯、阳台、空调板等构件*	70%≤比例≤80%	10~15*	
围护墙和内隔墙 Q_2（20分）	围护墙非砌筑非现浇	比例≥60%	5	10
	围护墙与保温、装饰一体化	50%≤比例≤80%	2~5*	
	内隔墙非砌筑	比例≥60%	5	
	内隔墙与管线、装修一体化	50%≤比例≤80%	2~5*	

续表

评价项			评价要求	评价分值	最低分值
装修和设备管线 Q_3（35分）	全装修		—	5	5
	公共区域装修采用干式工法	公共建筑	比例≥70%	3	6
		居住建筑	比例≥60%		
	干式工法楼面、地面		70%≤比例≤90%	3~6*	
	集成厨房		70%≤比例≤90%	3~6*	
	集成卫生间		70%≤比例≤90%	3~6*	
	管线分离	电气管线	60%≤比例≤80%	2~5*	
		给（排）水管线	60%≤比例≤80%	1~2*	
		供暖管线	70%≤比例≤100%	1~2*	
加分项 Q_5（6分）	信息化技术应用		设计、生产、施工全过程应用	3	
	绿色建筑评价星级等级		二星级	2	
			三星级	3	

注：表中带"*"项的分值采用"内插法"计算，计算结果取小数点后1位。

《装配式建筑评价标准》DB11/T 1831—2021重点内容解读：

1. 根据该标准第3.0.5条，装配率60%时，满足A（BJ）级评价标准；根据第3.0.4条，主体结构竖向构件中预制的应用比例不低于35%。——装配率60%，必须选竖向构件得分。

2. 根据DB11/T 1831—2021中4.0.1条的条文说明，表4.0.1中的"加分项"，按本标准第3.0.3条评价建筑是否为装配式建筑时，不得计入装配率P得分；按本标准第3.0.4条进行装配式建筑等级评价时，可计入装配率P得分。——若未选取竖向构件得分，"加分项"不得计入装配率得分。

3. 公建项目中，不同结构体系竖向构件取分方式不同：装配整体式框架—现浇剪力墙或现浇核心筒结构，竖向体积比的取值应包括所有预制框架柱体积和满足标准第4.0.3条规定可计入计算的后浇混凝土体积；V的取值应包括框架柱、剪力墙或核心筒的全部混凝土体积；型钢混凝土框架（外筒）—现浇混凝土核心筒结构，当型钢混凝土柱为预制时，可参照装配整体式框架—现浇剪力墙或核心筒结构；钢框架（外筒）—现浇混凝土核心筒结构、钢管混凝土框架（外筒）—

现浇混凝土核心筒结构（当采用钢梁时）可参照钢结构，主体结构竖向构件评价项的评价分值可取30分。——公建项目中外框筒为钢框架或钢管混凝土框架时竖向体积比分值可取满。

4. 竖向预制构件应用比例不小于35%时，通过楼承板等实现施工现场免支模，可认定为装配式楼板、屋面板；对于竖向结构现浇，采用楼承板方案，虽然属于免支模的现浇楼盖体系，但不应被评价为装配式楼板。楼承板可包括压型钢板、可拆卸或不可拆卸底板的钢筋桁架楼承板等。——必须选择竖向构件预制，楼承板方案才可被认定为装配式楼板。

5. "围护墙非砌筑非现浇"计算方式与国标不同，围护墙体包括承重围护墙体和非承重围护墙体。现浇混凝土围护墙体、采用人工砌筑的围护墙体均不应被认定为非砌筑范畴。——现浇的承重及非承重墙体均不被认定为非砌筑范畴。

6. "围护墙采用墙体、保温、装饰一体化"强调的是"集成性"，实现结构、保温、装饰多功能一体的"围护墙系统"。参考做法有：预制混凝土夹心保温剪力墙板、预制混凝土夹心保温外挂墙板、内侧无基层墙体或基层墙体及保温材料采用干式工法作业的建筑幕墙。——预制夹心保温墙板、玻璃幕墙、预制墙板与保温饰面干式连接的幕墙体系均可选择此项得分。

7. 公共建筑全装修包括建筑的公共区域和在建造阶段已确定使用功能及标准的全部室内区域。公共区域的固定面全部铺贴、粉刷完成，水、暖、电等基本设备管线全部安装到位。对于在建造阶段尚未确定使用功能及标准的室内区域，应根据装配式建筑基本特征和要求，在设计文件中对后期装修方式、安装及构造要求、材料性能及环境保护标准等内容进行规定。——公共建筑全装修范围仅包括公区和已确定使用功能及标准的室内区域。

8. 新标准增加了"绿色建筑评价星级等级"评价项，其评价星级等级按照国家和北京市绿色建筑评价标识管理相关规定进行评价并取得相应星级。——拿地时需满足最低品质保障的要求：绿色建筑二星级标准要求，绿色建筑二星级可得分选取。

北京市门头沟区某项目复盘

1 项目概况

本项目位于门头沟新城板块，宗地分为两块，紧邻石景山，4.3km可达门头沟区政府，22.5km可达北京市中心。

本项目为R2二类居住用地，地上包括11栋住宅，其中包含1栋保障性租赁住房，其他10栋住宅楼均为商品房，住宅楼栋均采用装配式建造（图1）。

图1 项目鸟瞰图

2 装配式技术方案

2.1 预制范围

本项目地上住宅结构体系均为装配整体式混凝土剪力墙结构，其中保障性租赁住房为夹心保温外墙板体系，其他住宅楼为不带外叶的单层预制外墙板体系。

采用的预制构件种类为预制外墙板、预制内墙板、预制飘窗、叠合楼板、预制楼梯。

竖向构件预制范围：

1）外墙及少量内墙采用预制墙板；

2）墙体从三层开始预制；

3）底部加强区首层、二层和机房层墙体采用现浇墙体。

水平构件预制范围：

1）首层顶至屋面层均采用叠合楼板；

2）公共区域、楼梯平台板、管井处采用现浇，部分户内卫生间采用现浇，空调板为现浇或钢结构，其余户内部分均采用叠合楼板；

3）二层至顶层采用预制楼梯（标准化梯段）。

2.2 单体控制指标

根据挂牌文件承诺的最低品质保障要求和北京市地方标准《装配式建筑评价标准》DB11/T 1831—2021中规定，本项目单体的控制指标为：

1）单体建筑装配率应不小于60%；

2）主体结构竖向构件中预制的应用比例不低于35%；

3）梁、楼板、屋面板、楼梯、阳台、空调板等构件中预制部品部件的应用比例不小于70%；

4）外围护墙非砌筑非现浇比例不低于60%；

5）内隔墙非砌筑比例不低于60%；

6）实施装配式建筑的单体全装修比例100%；

7）集成厨房墙面、顶面和地面中干式工法的应用比例不低于70%。

3 装配式设计亮点

3.1 装配率方案

本项目无预制率要求，装配率要求不低于60%，具体的选分方案如下。

1）主体结构尽量将水平构件分值取满，竖向构件预制的应用比例满足最低比例要求，可实现成本最优。

竖向构件：公租房采用夹心保温外墙板，商品房采用单层保温外墙板及预制内墙板。

水平构件：叠合板、预制楼梯。

其他：预制飘窗构件。

2）外围护墙通过实施预制外墙板和局部AAC条板，满足外围护墙体非砌筑非现浇的最低比例要求；

内隔墙除入户门、配电箱、管井墙及部分卫生间等采用砌块墙体外，其他大部分墙体采用AAC条板墙布置。

3）装修与管线分离有最低6分的要求。干式地面范围较大，且对建筑品质要求比较高的住宅不适于选用，卫生间对防水要求比较高，从建筑品质及成本角度，优先选择集成厨房和集成卫生间。

4）保障性租赁住房，采用夹心保温外墙板体系，可选取围护墙与保温装饰一体化一项进行取分。

5）加分项中，选取BIM一项进行取分，成本较低；本项目住宅楼栋实施绿建二星，满足拿地时最低品质保障的要求。

3.2 拆分尺寸标准化

叠合板拆分的原则如下：

1）跨度不宜大于6.0m（预应力叠合楼板除外），当桁架钢筋叠合楼板跨度过大时，易发生预制底板开裂、挠曲、破损等情况。

2）叠合楼板板宽不宜大于2.4m。板宽超过2.4m时，对构件运输车辆及运输条件要求较高。

3）叠合板预制底板宽度优先取1.8m、2.1m或2.4m等进行拆分，可实现桁架筋的数量最优。

4）板宽不宜过窄，否则会造成叠合楼板构件数量和楼板之间的接缝数量过多，影响构件安装的施工效率。

5）拆分构件时，拼缝宜设置在叠合板的次要受力方向上且宜避开弯矩最大处。

6）拆分尺寸标准化，提高拆分构件重复率，提高模具利用率和周转次数（图2）。

预制墙板拆分的原则如下：

1）优先选择外墙进行预制墙板布置，有利于竖向构件预制的应用比例及围

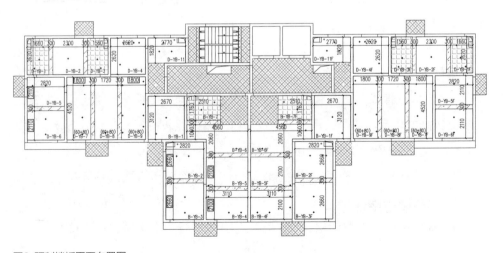

图2　预制楼板平面布置图

护墙非砌筑非现浇应用比例指标的达成。

2）预制墙板尺寸不宜过小，尺寸过小会增加施工吊次，影响构件安装的施工效率；预制墙板尺寸不宜过大，应控制拆分构件的重量和体积大小，降低塔式起重机选型成本。

3）预制墙板尽量避开受力复杂或受力较大位置处，本项目预制墙板布置均避开了底部加强区位置。

4）后浇段尺寸标准化设计，提高施工现场竖向后浇段的模具通用性（图3）。

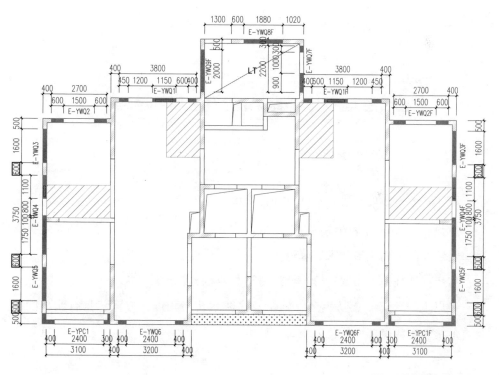

图3　预制墙板平面布置图

3.3　预制飘窗方案优化

本项目多为双飘窗相连的建筑布置，外墙厚为200mm，为满足外围护墙非砌筑非现浇的比例要求，局部需布置预制飘窗构件，考虑如下两种优化方案进行选择。

优化方案一：飘窗外墙厚度由200mm优化为150mm（图4）。

优势：可优化部分重量，减少施工吊次。

劣势：双飘窗按一个构件预制，生产难度大，长达5～6m的外挂式飘窗构件应用案例较少；考虑窗安装及窗口防水等构造做法，飘窗外墙宜按200mm厚进行设计。

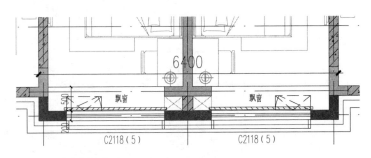

图4 双飘窗预制方案

优化方案二：拆分成两个预制飘窗（图5）。

优势：可显著减少构件重量，降低塔式起重机选型成本；飘窗外墙厚度可满足窗安装及防水的构造要求；降低生产及施工难度。

劣势：增加施工吊次；分户墙位置进行双墙分缝设计。

经以上对比分析，从生产、施工及窗防水构造角度，方案二具有明显的优势，最终预制飘窗按照优化方案二实施。

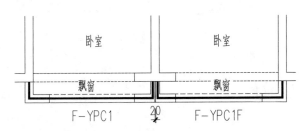

图5 单飘窗预制方案（中间20mm缝）

河北省石家庄市政策介绍

1 政策文件

《河北省人民政府办公厅关于关于大力发展装配式建筑的实施意见》（冀政办字〔2017〕3号）

《2020年全省建筑节能与科技和装配式建筑工作要点》

《河北省装配式建筑"十三五"发展规划》

《关于加快推进装配式建筑工作的通知》（石住建办〔2020〕8号）

《石家庄市人民政府办公厅关于关于大力发展装配式建筑的实施意见》（石政规〔2018〕5号）

2 政策分析

2.1 工作目标

根据《石家庄市人民政府办公厅关于关于大力发展装配式建筑的实施意见》（石政规〔2018〕5号）政策文件要求：

"2020年起，桥西区、裕华区、长安区、新华区、高新区新建建筑面积40%以上采用装配式建造，鹿泉区、栾城区、藁城区、正定县（含正定新区）、平山县新建建筑面积30%以上采用装配式建造，其他县（市、区）新建建筑面积20%以上采用装配式建造。"

"到2025年，桥西区、裕华区、长安区、新华区新建建筑凡适合装配式方式建造的，全部采用装配式建造。全市政府投资项目100%采用装配式建造方式建设，非政府投资项目60%以上采用装配式建造方式建设。石家庄市装配式建筑的发展环境、市场机制和服务体系基本形成，技术体系基本完备，管理制度相对完善，人才队伍培育机制基本建立，关键技术和成套技术应用逐步成熟，形成能够服务于京津冀地区的装配式建筑生产和服务体系，装配式建造方式成为主要建造方式之一，不断提高装配式建筑在新建建筑中的比例。"

2.2 政策支持

根据《石家庄市人民政府办公厅关于关于大力发展装配式建筑的实施意见》（石政规〔2018〕5号）政策文件要求：

"（一）将装配式建筑产业基地建设纳入相关规划，列入战略性新兴产业，对装配式建筑产业基地和采用装配式方式建设的商品房项目，优先保障用地。

（二）在办理规划审批（验收）时，对采用装配式方式建设且装配率达到50%（含）以上的商品房建筑，按其地上建筑面积3%给予奖励，不计入项目容积率；对采用装配式方式建设且达到评价等级A级及以上的商品房建筑，按其地上建筑面积4%给予奖励，不计入项目容积率。奖励的不计入容积率面积，不再增收土地价款及城建配套费用。

（三）在施工当地没有或只有少数几家装配式生产、施工企业的，政府投资项目招标时可以采用邀请招标方式进行。

（四）对采用装配式方式建设的商品房建筑，投入开发建设资金达到工程建设总投资的25%以上和施工进度达到主体施工的装配式建筑（已取得《建筑工程施工许可证》），可申请办理《商品房预售许可证》；装配式建筑在办理商品房价格备案时，可上浮30%。

（五）公安和交通运输部门在职能范围内，在确保安全的基础上，对运输超高、超宽部品部件（预制混凝土构件、钢构件等）运载车辆，在运输、交通通畅方面给予支持。

（六）在《石家庄市建设领域重污染天气应急预案》Ⅰ级应急响应措施发布时，装配式建筑施工工地可不停工，但不得从事土方挖掘、石材切割、渣土运输、喷涂粉刷、砂浆现场搅拌等作业。"

2.3 政府管理流程

根据《关于加快推进装配式建筑工作的通知》（石住建办〔2020〕8号）政策文件要求：

"一、严格执行装配式建筑建设比例

2020年3月1日（含）以后签订土地出让合同的项目，出让前应当在规划条件中明确装配式建设比例，并严格按照建设比例执行。

石政规〔2018〕5号文件印发后至2020年2月29日（含）前签订土地出让合同的项目，规划条件有另行要求的以规划条件载明为准，未载明的，按石政规〔2018〕5号文件中2019年的工作目标执行。

石政规〔2018〕5号文件印发前签订土地出让合同的项目，规划条件未载明建设要求的，可由建设单位本着自愿原则建设。（自然资源和规划局、住建局分别负责）。"

二、确保装配式建筑优惠政策落实

（一）建设单位签订土地出让合同后，向住建局提出申请建设符合国家或河北省《装配式建筑评价标准》的装配式建筑（装配率不低于50%）并做出承诺，住建局出具同意建设装配式建筑的函后，自然资源和规划局对装配式建筑在规划总平面图及建设工程规划许可证中予以注明，落实其地上建筑面积3%不计入容

积率的奖励政策。（住建局、自然资源和规划局分别负责）

除石政函〔2019〕69号文件明确不需再按新《居住区规划设计标准》校核容积率的历史遗留项目外，享受奖励政策后实际容积率将超过2.9的新建项目，超出2.9的部分不再享受建筑面积奖励政策，可不再要求按规定比例建设装配式建筑。不能享受建筑面积奖励政策的项目，建设单位自愿建设且符合规定比例的，可享受石政规〔2018〕5号文件中除建筑面积奖励外的其他优惠政策。（各职能部门分别负责）

（二）取得施工图设计文件审查合格书后，建设单位提出申请，组织专家对设计阶段是否达到装配式建筑评价标准进行评审。（市住建局负责）

（三）依据市装配式建筑发展领导小组办公室通知和专家评审意见，享受新建商品房预（销）售价格申报和提前办理《商品房预售许可证》优惠政策。（市场监管局、行政审批局、发改局分别负责）

（四）装配式建筑奖励的不计入容积率面积，不再增收土地价款及城建配套费用。（自然资源和规划局、财政局分别负责）

（五）装配式建筑竣工后，建设单位提出申请，组织专家进行评审。（市住建局负责）

（六）依据市装配式建筑发展领导小组办公室通知和竣工后专家评审意见，享受财政补贴政策。（财政局、住建局分别负责）"

2.4 执行标准

执行标准为河北省工程建设地方标准《装配式建筑评价标准》DB13（J）/T 8321—2019，装配率应不低于50%。

根据《装配式建筑评价标准》DB13（J）/T 8321—2019，装配式建筑评分表见表1。

装配式建筑评分表　　表1

评价项			评价要求	评价分值	最低分值
主体结构 Q_1（50分）	柱、支撑、承重墙、延性墙板等竖向构件	预制竖向构件	35%≤比例≤80%	20~30*	20
		预制组合部件	50%≤比例≤80%	10~20*	
		组合成型钢筋制品	50%≤比例≤80%	3~6*	
		高精度免拆模板	50%≤比例≤80%	1~4*	
	梁、板、楼梯、阳台		70%≤比例≤80%	10~20*	
	空调板等构件				
围护墙和内隔墙 Q_2（20分）	非承重围护墙非砌筑		比例≥80%	5	10
	围护墙一体化技术	围护墙与保温、隔热一体化	50%≤比例≤80%	1~3*	
		围护墙与保温、隔热、装饰一体化	50%≤比例≤80%	2~5*	
	内隔墙非砌筑		比例≥50%	5	
	内隔墙与管线、装修一体化		50%≤比例≤80%	2~5*	
装修和设备管线 Q_3（30分）	全装修		—	6	6
	干式工法的楼、地面		比例≥70%	6	—
	集成厨房		70%≤比例≤90%	3~6*	
	集成卫生间		70%≤比例≤90%	3~6*	
	管线分离	给（排）水管线	60%≤比例≤80%	1~2*	—
		供暖通风管线	70%≤比例≤90%	1~2*	
		电气管线	30%≤比例≤50%	1~2*	
加分项 q（3分）	预制构件标准化		重复使用率≥60%	3	

注：表中带"*"项的分值采用"内插法"计算，计算结果取小数点后1位。

装配率评价项分值按下式进行计算：

$$P=[(Q_1+Q_2+Q_3)/(100-Q_4)+q/100]\times100\%$$

式中：P —— 装配率，%；

Q_1 —— 主体结构指标实际得分值；

Q_2 —— 围护墙和内隔墙指标实际得分值；

Q_3 —— 装修与设备管线指标实际得分值；

Q_4 —— 评价项目中缺少的评价项分值总和；

q —— 加分项得分值。

石家庄市长安区某项目复盘

1 项目概况

　　本项目位于石家庄市长安区，为住宅、商服、教育用地，地上共11栋住宅楼，项目总建筑面积约为14.6万平方米，实施装配式的楼栋总建筑面积约为6.2万平方米，满足规划条件中40%以上采用装配式建造方式建设的要求（图1）。

图1 项目鸟瞰图

2 装配率方案

项目装配率计算以单体建筑为计算对象，执行《装配式建筑评价标准》DB13（J）/T 8321—2019，装配率应不低于50%。

结合各装配式楼栋建筑设计特点，本项目采用的装配式方案如下。

（1）主体结构Q_1

水平构件应用比例不低于80%；

结构采用的预制构件类型有楼板和楼梯两种。

（2）围护墙和内隔墙Q_2

非承重围护墙非砌筑应用比例不低于80%；

内隔墙非砌筑应用比例不低于50%；

非承重围护墙非砌筑及内隔墙非砌筑采用蒸压加气混凝土条板。

（3）装配和设备管线Q_3

实施装配式的楼栋全部采用全装修；

干式工法的楼、地面应用比例不低于70%；

集成厨房干式工法的应用比例不低于90%；

给（排）水管线分离应用比例不低于60%；

供暖通风管线分离应用比例不低于70%。

3 重难点分析

3.1 水平构件

3.1.1 实施范围

各楼栋水平构件的预制范围为：

1）首层顶至屋面层均采用叠合楼板，机房层的顶板采用现浇；

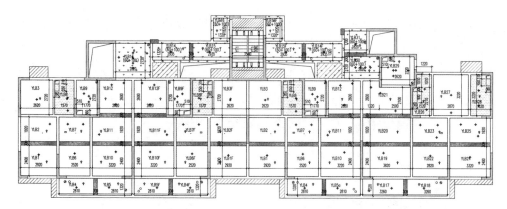

图2　水平预制构件平面布置图

2）部分空调板、设备管井、楼梯休息平台、飘窗板及部分户内卫生间处采用现浇外，其余户内部分均采用叠合楼板；

3）二层至次顶层的标准梯段采用预制楼梯（图2）。

3.1.2　计算原则

梁、板、楼梯、阳台、空调板等水平构件中预制部品部件应用比例应按下式计算：

$$q_{1b} = A_{1b}/A \times 100\%$$

分子A_{1b}计算原则如下：

1）各楼层中梁、板、楼梯、阳台、空调板采用预制构件的水平投影面积之和；

2）部件间宽度不大于300mm的后浇混凝土带水平投影面积可计入分子；

3）楼板局部后浇部分不能计入分子计算；

4）楼梯部分按实际预制范围的预制梯段面积（含两侧预制折板部分面积）计入分子计算。

分母A计算原则如下：

1）各楼层建筑平面总面积，计算时可扣除排烟道、风道、管井、电梯井等洞口部分面积；

2）楼层梁的水平面积需计入分母；

3）外悬挑部分的雨篷板、挑檐板等均需计入分母内；

4）竖向承重墙柱面积，分母计算时可扣除。

3.1.3 拼缝节点

1）屋面层拼缝节点如图3所示。

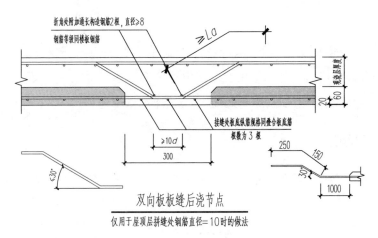

图3 屋面层拼缝处钢筋直径为10mm时的拼缝节点

屋面层预制板设计的原则为保持钢筋间距不变、调整钢筋直径的方式设计，可实现屋面层与标准层预制板模具共用；在构件堆放、运输过程中应注意成品保护。

2）卫生间降板节点如图4所示。

卫生间预制板的保护层厚度按20mm进行设计，非降板区的预制板底钢筋伸出长度需满足搭接尺寸要求。

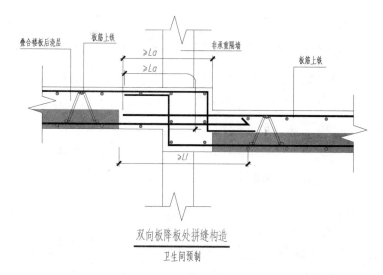

图4 卫生间降板节点

3.2 蒸压加气混凝土条板

3.2.1 计算原则

非承重围护墙中非砌筑墙体应用比例应按下式计算：

$$q_{2\alpha} = A_{2\alpha}/A_{w1} \times 100\%$$

内隔墙中非砌筑墙体应用比例应按下式计算：

$$q_{2c} = A_{2c}/A_{w3} \times 100\%$$

分子计算原则如下：

1）各楼层非承重围护墙中非砌筑墙体的外表面积之和或内隔墙中非砌筑墙体的墙面面积之和，本项目按扣除门、窗及预留洞口等的面积进行计算；

2）厨房、卫生间及水暖井位置处的混凝土反坎不可计入分子；

3）梁高、板厚均不计入分子；

4）长度尺寸小于300mm的隔墙不宜采用AAC条板。

分母计算原则如下：

1）各楼层非承重围护墙外表面总面积或内隔墙墙面总面积，按扣除门、窗及预留洞口等的面积进行计算；

2）构造柱需要计入分母，入户门两侧需布置构造柱，长度小于300mm的墙体按构造柱设计；

3）飘窗、空调板及阳台等位置处的反坎或下挂均需计入分母；飘窗板之间的隔墙需计入分母；

4）厨房、卫生间及水暖井位置处的混凝土反坎需计入分母；

5）门洞口与结构梁之间的部分需计入分母。

3.2.2 计算文件

装配率计算文件整理时，需注意以下内容：

1）AAC条板的实际面积及砌筑墙板的面积均需明确表达；

2）可绘制墙板大样图或用表格计算非砌筑比例，表格中需明确条板上的洞口大小及梁槽尺寸，表格中数据应有明确的计算逻辑（表1）。

非承重围护墙非砌筑墙体应用比例统计　　　　表1

层数	序号	类型	编号	尺寸（mm）（长×高）	洞口/梁槽尺寸（mm）（长×高）	面积（m²）	数量（个）	总面积（m²）
2-24F	1	蒸压加气混凝土板	WQFQZ01	1450×2430	—	3.52	2	7.05
2-24F	2	蒸压加气混凝土板	WQFQZ02	1300×2550	—	3.32	1	3.32
2-24F	3	蒸压加气混凝土板	WQFQZ03	1550×2430	—	3.77	1	3.77

3.2.3 平面布置

AAC条板平面布置时，需注意以下内容：

1）平面图中用不同图例表达非砌筑墙体及砌筑墙体范围，每块墙板需对应有墙体编号，并与计算书中编号保持一致；

2）平面图中应绘制每块非砌筑墙体的AAC条板排布图；

3）构造柱的布置需在图纸中进行表达。

具体的平面布置图如图5所示。

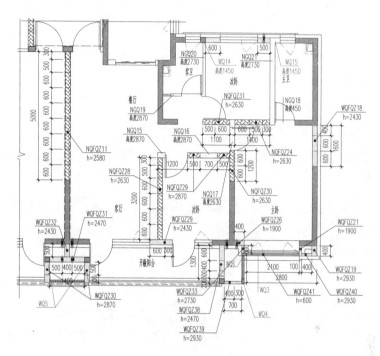

图5 局部非砌筑墙体布置图

3.3 干式楼地面及集成厨房

3.3.1 干式楼地面

阳台、厨房、有防水要求的楼面：

1）20mm厚胶粘防滑地砖；

2）2mm厚聚氨酯涂膜防水层，上翻300mm（距建筑完成面高度，仅用于厨房、阳台和有防水要求的楼面）；

3）10mm厚高强度纤维水泥板；

4）0.2mm厚导热铝片；

5）50mm厚预制沟槽保温板，顶部地暖管处开槽20mm；

6）预制装配楼板/钢筋混凝土楼地面（表面整理干净，表面平整度尺寸允许偏差≤5mm）。

住宅户内其他房间：

1）15mm厚木地板+5mm厚地板防潮垫/20mm厚胶粘地砖；

2）10mm厚高强度纤维水泥板；

3）0.2mm厚导热铝片；

4）50mm厚预制沟槽保温板，顶部地暖管处开槽20mm；

5）预制装配楼板/钢筋混凝土楼地面（表面整理干净，表面平整度尺寸允许偏差≤5mm）。

除卫生间、电梯公共区域、走廊、楼梯间休息平台采用常规湿式铺法外，其余均采用干式铺法（图6）。

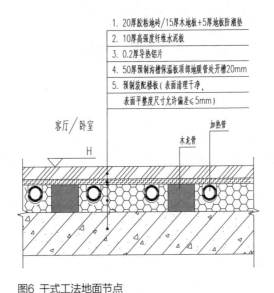

图6 干式工法地面节点

3.3.2 集成厨房

本项目所有装配式楼栋采用了集成厨房技术，地面、吊顶、墙面、橱柜、厨房设备及管线等通过设计集成、工厂生产，在工地主要采用干式工法装配而成。

集成厨房的地面做法与上述干式地面做法相同，墙面采用瓷砖饰面的装配式一体化墙板，吊顶采用铝扣板吊顶，具体节点和照片如图7～图9所示。

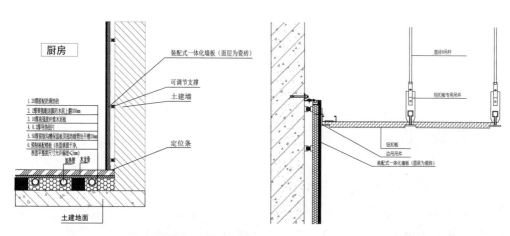

图7　厨房地面及墙面做法　　　　　图8　厨房铝扣板吊顶大样图

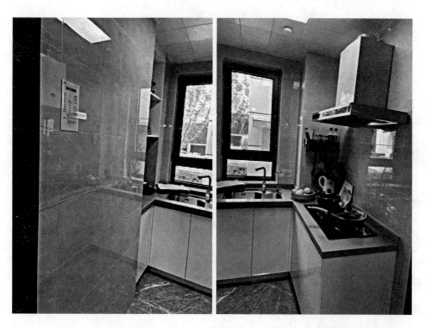

图9　集成厨房现场照片

重庆市政策介绍

1 政策文件

《重庆市规划和自然资源局关于加快发展装配式建筑促进建筑产业现代化的通知》（渝建科〔2019〕436号）

《重庆市推进建筑产业现代化促进建筑业高质量发展若干政策措施的实施意见》（渝建科〔2020〕35号）

《重庆市装配式建筑装配率计算细则（2021版）》

《重庆市住房和城乡建设委员会关于明确装配式建筑相关技术问题的通知》（渝建科〔2021〕5号）

2 政策分析

2.1 装配式实施范围

《重庆市装配式建筑装配率计算细则（2021版）》规定，装配式实施范围：按重庆市的政策要求，以一宗地作为门槛，符合建筑计容建筑面积在5万平方米以上的都要做装配式建筑；可不实施装配式范围：500m^{2}以下的单体建筑，或者经建设主管部门同意的单层建筑。

2.2 单体控制指标

满足下列要求时方可评价为装配式建筑：

1）主体结构部分的计算分值不低于20分；

2）围护墙和内隔墙部分的计算分值不低于10分；

3）采用全装修（5层及5层以下的居住建筑除外）；

4）装配率不低于50%。

计算依据：《重庆市装配式建筑装配率计算细则（2021版）》。

单体装配率得分≥50分。

最低分值必须达成：

主体结构部分的计算分值≥ 20分；

围护墙和内隔墙部分的计算分值不低于10分；

装配率不低于50%。

2.3 装配率计算（表1）

装配式建筑评分表 表1

项目		指标要求	计算分值	最低分值
主体结构（45分）	柱、支撑、承重墙、延性墙板等竖向构件采用预制构件	15%≤比例≤75%	10～25	20
	楼板、楼梯、阳台板、空调板等水平构件采用预制构件	70%≤比例≤80%	5～10	
	采用预制梁	30%≤比例≤50%	3～5	
	系统采用高精度模板施工工艺	70%≤比例≤100%	5～10	
	预制构件采用标准化构件	70%≤比例≤90%	2～4	
	采用成型钢筋加工配送一体化	比例≥80%	1	

续表

项目			指标要求	计算分值	最低分值
围护墙和内隔墙（20分）	非承重围护墙（五选一）	采用具有自保温功能的薄砌工艺墙体	比例=100%	3	10
		采用高精度模板施工工艺的全现浇外墙	比例=100%	4	
		采用预制围护墙	比例≥50%	5	
		预制围护墙与保温、隔热一体化	比例≥50%	7	
		预制围护墙与保温、隔热、装饰一体化	比例≥50%	10	
	内隔墙（三选一）	采用预制内隔墙	比例≥50%	3	
		预制内隔墙与管线一体化	50%≤比例≤80%	5~7	
		预制内隔墙与管线、装修一体化	50%≤比例≤80%	7~10	
装修和设备管线（30分）	全装修（三选一）	居住建筑　全装修	—	6	6
		公共建筑　全装修	—	6	3
		公共建筑　仅公区和确定使用功能的区域装修	—	3	
	干式工法楼地面（三选一）	采用架空、干铺或薄贴工艺	比例≥70%	2	—
		采用模块化保温隔声功能部品	模块化保温隔声功能部品在楼地面保温区域100%应用，且饰面层采用架空、干铺或薄贴工艺比例≥70%	3	
		采用具备供暖（制冷）功能的模块化保温隔声部品		6	
	集成厨房		70%≤比例≤90%	3~6	
	集成卫生间		70%≤比例≤90%	3~6	
	管线分离		50%≤比例≤70%	4~6	
信息化应用（5分）	BIM数据在设计、生产、施工中的有效传递			1	—
	采用电子签名和电子签章实现现场管理人员身份的数字化			1	
	实现施工作业行为和管理行为数字化			2	
	实时生成数字化档案			1	

注: 1. 如未设置厨房的公共建筑（幼儿园），可扣除集成厨房相应的计算分值；（Q_5取6，分母取100-6=94，装配满足50%的要求下，分子得≥47。扣除后仍需满足主体结构最低分值要求20、围护墙和内隔墙最低分值要求10）。

　　2. 如5层及5层以下的居住建筑未采用全装修，装配率计算时分母可扣除全装修、干式工法楼地面、集成厨房、集成卫生间各项相应的计算分值（Q_5取24，分母取100-24=76，装配率满足50%的要求下，分子≥38。扣除后仍需满足主体结构最低分值要求20、围护墙和内隔墙最低分值要求10；装配率满足65%的要求下，分子≥50）。

　　3. 公共建筑仅公区和确定使用功能的区域装修，装配率计算时分母可扣除干式工法楼地面、集成厨房、集成卫生间各项相应的计算分值；（Q_5取18，分母取100-18=82，装配满足50%的要求下，分子≥41。扣除后仍需满足主体结构最低分值要求20、围护墙和内隔墙最低分值要求10）。

2.4 奖励政策

《重庆市推进建筑产业现代化促进建筑业高质量发展若干政策措施的实施意见》（渝建科〔2020〕35号）规定：

支持装配式建筑商品房预售。

提前预售条件：

1）装配式部品部件投入金额计入工程建筑总投资；

2）装配式建筑预评审通过（专家预评审通过意见）。

正负零预售：

1）开发企业排名重庆前三十；

2）担保资金达拟预售楼栋投资额50%以上，不少于6个月；

3）综合示范项目（65%装配率）。

"落实装配式建筑税收优惠政策专题会会议纪要〔第87号〕"规定：

自2020年1月1日起，全市范围内以下企业可按规定享受西部大开发企业所得税优惠政策，减按15%税率征收企业所得税：

1）按照《重庆市装配式建筑装配率计算细则（2021版）》核算，装配率达到65%（含）的装配式建筑项目建设单位。

2）重庆市建筑产业现代化示范项目建设单位。

3）生产产品为节能环保材料预制装配式建筑构部件、适用于装配式建筑的部品化建材产品、满足装配式要求的整体卫浴部品的生产企业。

重庆市九龙坡区某项目复盘

1 项目概况

项目位于重庆市九龙坡区，是成渝经济圈重点发展板块，且是九龙坡城市升级重点发展区域，在九龙东、西城重要枢纽的作用愈发显现（图1）项目建筑平面见图2。

图1 实景合成效果图

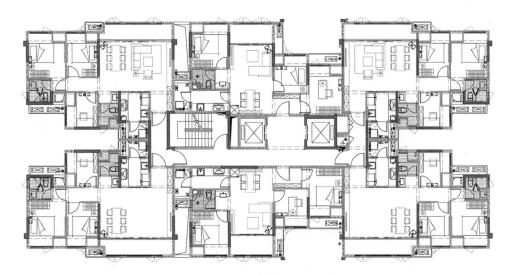

图2 建筑平面图

2 装配率方案

2.1 装配率方案确定

本项目装配率得分项为预制叠合楼板、预制楼梯、采用高精度模板施工工艺、预制构件采用标准化构件、采用薄砌工艺的自保温墙体、预制内隔墙与管线一体化、全装修、模块化保温隔声部品、集成厨房、集成卫生间、管线分离、信息化管理。

为取得西部大开发退税优惠政策，建设方自愿提升为65%的装配率，各楼装配率最低为65.3%，均≥65%。

2.2 计算指标分析

2.2.1 水平构件采用预制构件

目前，预制叠合板、预制楼梯在重庆已有成熟的技术条件。其构件的生产技术、运输、吊装、施工现场施工工艺等，均非常成熟。综合以上分析，本项目采用桁架钢筋叠合板、预制楼梯作为水平预制构件。且其技术均符合重庆市对于装配式建筑评价中水平构件的评价要求。

预制水平构件范围：除了飘窗、空调板、水电井、部分非标准的楼梯、楼梯平台区域及屋面层采用现浇以外，其余区域采用桁架钢筋混凝土叠合板，标准层楼梯采用预制楼梯。

2.2.2 预制构件采用标准化构件

所有楼栋采用标准化预制构件。

2.2.3 采用具有自保温功能的薄砌工艺墙体

目前非承重围护墙及保温做法包括预制PC外墙、全现浇混凝土+内保温、自保温蒸压加气混凝土砌块等。预制PC外墙重量大，对运输及吊装均有很高的要求，且总体费用较高，并且存在渗漏风险。故而本项目采用自保温蒸压加气混凝土高精砌块技术，从而实现具有自保温功能的薄砌工艺墙体。

所有楼栋非承重围护墙采用蒸压加气混凝土精确砌块。

2.2.4 预制内隔墙与管线一体化

内隔墙与管线一体化的做法有AAC条板、轻钢龙骨石膏板墙等。

本项目由标准户型组合而成，标准层层数多且层高一致，故内隔墙采用蒸压加气混凝土条板（AAC条板）和轻钢龙骨石膏板墙。蒸压加气混凝土经多年大面积使用，已经证明其材料性能优于其余内隔墙材料。采用该材料制成的AAC条板，在材料性能和整体内隔墙成品质量上均有提高。目前，该内隔墙已在国内市场大面积使用。对于标准化程度高的住宅，经过内隔墙排版深化，工厂对应尺寸加工，现场拼装成形，并且采用干法施工成形，从而该内隔墙与管线一体化工艺具有成品质量高、施工效率高、环境污染小等优点。

综合以上，本项目采用AAC条板和轻钢龙骨石膏板墙。目前蒸压加气混凝土条板（AAC条板）和轻钢龙骨石膏板墙均符合重庆市对于装配式建筑评价中内隔墙与管线一体化的评价要求。

预制内隔墙范围：所有楼栋正负零以上所有楼层，除有配电箱的墙体、部分公共区域墙体外，其余内隔墙均采用非砌筑工艺AAC条板。卧室、分户墙、客厅、餐厅及公共区域墙体非砌筑内隔墙绝大部分采用200mm厚，卫生间、厨房非砌筑内隔墙采用100mm厚。

预制内隔墙与管线一体化：本项目采用预制内隔墙与管线一体化对内隔墙板进行排版设计，标记设备管线的预留预埋位置，将有设备管线的墙板在安装前进行线管开槽，开关、插座底盒等设备的预埋，保证墙板在安装上墙后不再进行开孔开槽，从而实现管线一体化。

2.2.5 干法楼地面

干式工法的楼面、地面指将工厂生产的楼面、地面饰面材料，采用架空、干铺或薄贴等工艺在现场进行组合安装。住宅建筑里常用的干式做法为楼地面采用木地板或瓷砖胶薄贴（图3、图4）。

采用具备供暖（制冷）功能的模块化保温隔声部品，如干法地暖+木地板、干法地暖+瓷砖胶薄贴。

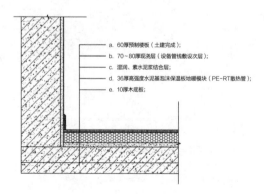

图3　木地板饰面的楼地面做法

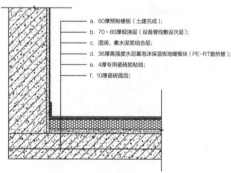

图4　瓷砖胶薄贴的地面做法

本项目根据市场调研结果，客户普遍接受采用瓷砖。故而本项目的客厅、餐厅及户内过道采用干法地暖+瓷砖胶薄贴，卧室采用干法地暖+木地板，均为干法楼地面施工工艺。

2.2.6 集成厨房

在住宅建筑中，考虑到经济性及客户体验，本项目采用集成厨房，墙面采用瓷砖胶薄贴，吊顶采用集成铝扣板吊顶，橱柜和厨房设备采用集成拼装，均为干法施工工艺。厨房位置防水、防开裂措施详见图5。

2.2.7 集成卫生间

在住宅建筑中，考虑到经济性及客户体验，不推荐采用整体式卫生间。本项目采用部分集成卫生间，墙面采用瓷砖胶薄贴，吊顶采用集成铝扣板吊顶，洁具设备干式安装，均为干法施工工艺。卫生间位置防水、防开裂加强措施详见图6。

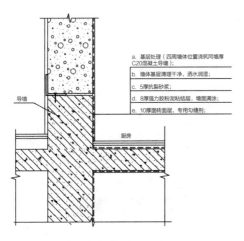

a. 基层处理（四周墙体位置浇筑同墙厚C20混凝土导墙）；
b. 墙体基层清理干净，洒水润湿；
c. 5厚抗裂砂浆；
d. 8厚强力胶粉泥粘结层，墙面满涂；
e. 10厚面砖面层，专用勾缝剂；

导墙

厨房

图5 厨房干式工法墙面做法

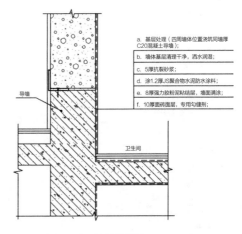

a. 基层处理（四周墙体位置浇筑同墙厚C20混凝土导墙）；
b. 墙体基层清理干净，洒水润湿；
c. 5厚抗裂砂浆；
d. 涂1.2厚JS聚合物水泥防水涂料；
e. 8厚强力胶粉泥粘结层，墙面满涂；
f. 10厚面砖面层，专用勾缝剂；

导墙

卫生间

图6 卫生间干式工法墙面做法

2.2.8 管线分离

管线分离的目的在于能够不破坏主体结构的同时对管线进行更换和维修，管线分离的比例越高，机电设备维护越容易。本项目设备管线公共区域竖向均集中布置在管井内，横向均布置在公共过道吊顶内。户内横向：客厅部分设备管线布置在客厅边吊内，户内过道及玄关上方布置在吊顶内，厨卫设备管线横向布置在集成吊顶内。通过上述方式布置，实现管线与主体结构的分离。本项目最大程度地减少了后期设备管线更换对结构主体可能造成的破坏。

电气管线包括照明管线、配电管线、弱电管线。本项目公共区域部分有吊顶，有竖向电井，户内客厅有边吊顶，玄关、过道、卫生间、厨房是全吊顶。电气管线在有吊顶位置横向在吊顶内明敷设，无吊顶位置在楼板内暗敷设；竖向管线除电井内明敷设部分外，其余均暗敷设。

给水排水管线包括给水管线、排水管线。给水排水管线在公共区域，竖向管线集中布置在设备管井内，横向管线敷设在吊顶内。

暖通管线包括正压送风系统和冷凝水系统。竖向正压送风系统管线均敷设于管道井中，冷凝水管道明装。所有管线实现与主体结构的分离。

3 主体结构方案

3.1 预制构件种类

预制构件类型为预制内墙板、预制叠合板、预制空调板、预制楼梯板。

3.2 典型预制平、立图（图7、图8）

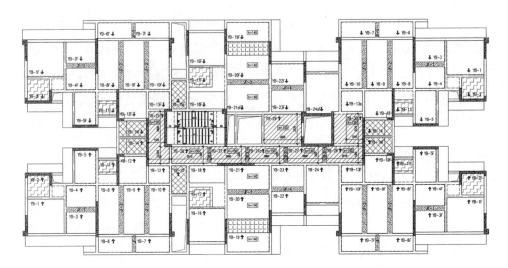

图7 叠合板平面

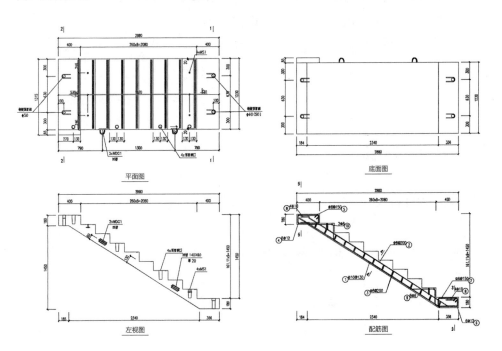

图8 预制楼梯

3.3 预制构件应用范围

本项目楼板采用桁架钢筋叠合板，应用范围为除屋面层以外的所有区域。本项目楼板的拆分原则如下：

1）对每块楼板采用楼板均分进行拆分，以达到最大预制构件标准化。

2）楼板拆分尽可能为大面积叠合板。

经不同方案测算，综合构件生产及施工吊装，最终采用如下拆分原则进行楼板拆分：本项目高层和洋房分别各自由一个相同单元组成，水平构件拆分均一致。本项目标准层采用预制楼梯，楼梯为双跑楼梯，预制楼梯参照《预制钢筋混凝土板式楼梯》15G367—1进行拆分设计。

4 精细化设计要点

4.1 预制构件采用标准化构件

标准化构件指同一项目、同一批次实施的装配式建筑中，以15000m²地上建筑规模为统计标准，其中外形尺寸相同（不考虑预留、预埋、孔洞等因素）且数量不少于50件的预制混凝土构件。为引导建筑方案采用"少规格，多组合"的标准化设计，当装配式建筑的地上建筑面积$S>15000m^2$时，则按相同外形尺寸构件数量不低于n=[20+20×S/10000]件为标准化构件，n为整数；当装配式建筑的地上建筑面积$S≤15000m^2$时，则按相同外形尺寸构件数量不低于n=50件为标准化构件。建筑面积S的单位为m²。本项目划分为洋房和高层两个标准化计算单元。高层业态楼栋外形尺寸相同的标准化构件不低于171件；洋房业态楼栋外形尺寸相同的标准化构件不低于50件。

由此看出本地块预制构件标准化程度较高，构件厂采用的模具较少。

4.2 信息化应用

智能建造是建筑业供给侧改革的重要内容，是建筑业转型升级的重要手段，是绿色发展、创新发展的重要举措。重庆市住房和城乡建设委员会在2020年多次发文，明确工程项目数字化的4个试点内容：①电子签名和电子签章；②基于项目信息管理系统实现数据共享和业务协同；③项目管理行为的数字化和施工作业行为的数字化；④数字化档案。并且明确了重庆市将在2025年全面实现工程项目数字化，以及做到数字化档案移交。

贵州省贵阳市政策介绍

1 政策文件

《贵州省人民政府办公厅关于大力发展装配式建筑的实施意见》（黔府办发〔2017〕54号）

《贵阳市人民政府关于进一步加快发展装配式建筑的实施意见》（筑府办发〔2018〕25号）

《贵阳市人民政府办公厅关于印发贵阳市加快发展装配式建筑实施方案的通知》（筑府办发〔2022〕17号）

《贵州省装配式建筑工程质量安全暂行管理办法》（黔建建通〔2019〕37号）

《关于发布贵州省工程建设地方标准〈贵州省装配式建筑评价标准〉的通知》

《贵州省装配式建筑评价标准》DBJ52/T 100—2020

2 实施范围

全市新建建筑项目（含民用、工业建筑项目）分类别、分阶段实施装配式建筑，已办理建设工程规划许可证的项目按原有装配式建筑要求执行，分期建设的项目原则上每期建设工程均应满足当期装配式建筑要求。

政府投资或政府主导的办公楼、学校、医院、标准化厂房、公共停车楼、保障性住房等适用装配式建造技术的新建建筑项目，全部按装配式建筑标准进行建造；社会投资的新建建筑项目，2022—2025年实施装配式建筑比例分别不低于30%、40%、50%、60%；积极推动工业化预制构件产品在市政工程项目中的应用，有条件的市政工程项目全面采用装配式建造方式；地上总建筑面积5000m²及以下建设项目的构筑物、配套设备用房（垃圾房、配电房等），以及因抗震、特殊用途、结构复杂等技术原因无法满足装配式建筑建设要求的新建建筑项目（由贵阳市装配式建筑专家委员会论证），可不采用装配式建造。

3 装配式指标要求

根据《贵州省装配式建筑评价标准》DBJ52/T 100—2020要求，装配式建筑应同时满足下列要求：

1）主体结构部分的评价分值不低于20分，采用钢结构时主体结构应全部采用工厂制作的预制构件；

2）围护墙和内隔墙部分的计算分值不低于10分；

3）采用全装修；

4）装配率不低于50%（表1）。

预制装配式楼板、屋面板的水平投影面积可包括：

1）预制装配式叠合楼板、屋面板的水平投影面积；

2）预制构件间宽度不大于300mm的后浇混凝土带水平投影面积；

3）金属楼承板（金属楼承板包括压型钢板、钢筋桁架楼承板等在施工现场免支模的楼（屋）盖体系）和屋面板、大楼盖和屋盖及其他在施工现场免支模的楼盖和屋盖（包括加气混凝土屋面板、复合材料免拆模模板）的水平投影面积。

围护墙采用墙体、保温、隔热、装饰一体化，强调的是"集成性"，通过集成，满足结构、保温、隔热、装饰要求。同时还强调了从设计阶段需进行一体化集成设计，实现多功能一体的"围护墙系统"。

内隔墙采用墙体、管线、装修一体化，强调的是"集成性"。内隔墙从设计阶段就需进行一体化集成设计，在管线综合设计的基础上，实现墙体与管线的集成以及土建与装修的一体化，从而形成"内隔墙系统"。

纳入管线分离比例计算的管线专业包括电气（强电、弱电、通信等）、给水、排水和供暖等专业。对于裸露于室内空间以及敷设在地面架空层、非承重墙体空腔和吊顶内的管线应认定为管线分离。对于埋置在结构构件内部（不含横穿）或敷设在湿作业地面垫层内的管线（不包括地暖盘管）认定为管线未分离。

装配式建筑评分表 表1

评价项			评价要求	评价分值	最低分值
主体结构（50分）	柱、支撑、承重墙、延性墙板等竖向构件	A采用预制构件	35%≤比例≤80%	20~30*	20
		B采用高精度模板或免拆模板施工	70%≤比例≤100%	5~10*	
	梁、板、楼梯、阳台、空调板等构件		70%≤比例≤80%	10~20*	
围护墙和内隔墙（20分）		非承重围护墙非砌筑	比例≥80%	5	10
	外围护墙体集成化	A围护墙与保温、隔热、装饰一体化	50%≤比例≤80%	2~5*	
		B围护墙与保温、隔热一体化	50%≤比例≤80%	1.4~3.5*	
		内隔墙非砌筑	比例≥50%	5	
	内隔墙体集成化	A内隔墙与管线、装修一体化	50%≤比例≤80%	2~5*	
		B内隔墙与管线一体化	50%≤比例≤80%	1.4~3.5*	
装修和设备管线（30分）		全装修	—	6	6
		干式工法楼面、地面	比例≥70%	6	—
		集成厨房	70%≤比例≤90%	3~6*	
		集成卫生间	70%≤比例≤90%	3~6*	
		管线分离	50%≤比例≤70%	4~6*	

续表

评价项		评价要求	评价分值	最低分值
加分项（5分）	BIM技术应用	设计阶段	0.5	总分不超过5分
		生产阶段	0.5	
		施工阶段	0.5	
	EPC总承包模式	采用	1.5	
	工业化施工技术 A装配式外爬架	采用	1	
	工业化施工技术 B预制装配式围墙	采用	1	
	绿色建筑	一星级（含一星）以上	1	
	标准化、模块化、集约化设计	采用	0.5	
	磷石膏非砌筑内隔墙	比例≥50%	1	

注：1. 表中带"*"项的分值采用"内插法"计算，计算结果取小数点后1位。
    2. 表中每得分子项A、B项不同时计分，其余项均可同时计分。

4 政策扶持

对采用装配式建造的房地产开发项目，将装配式预制构件投资计入工程建设总投资。房地产开发项目预售监管资金可凭已施工或生产完成装配式建筑的工程量印证资料，以及生产供应链企业的相关收付款凭证，予以报账核拨等额监管资金。优先推荐装配式建筑参与评奖评优。对装配式建筑企业及项目在资质升级、预售许可、施工许可等相关手续方面给予优先办理。

满足装配式建筑要求的商品房项目，实行面积奖励并细化具体措施，墙体预制部分建筑面积（不超过规划总建筑面积的3%）可不计入成交地块的容积率核算。因采用墙体保温技术增加的建筑面积，可不计入成交地块的容积率核算。

贵阳市观山湖区某项目复盘

1 项目概况

　　本项目位于贵阳市观山湖区，城市科创轴核心位置，区位优势明显，距离贵阳高铁北站直线距离3km。该地块用途为居住和商业（图1）。

图1 项目鸟瞰图

按照贵阳市政策要求，根据贵州省发布的《贵州省装配式建筑评价标准》DBJ52/T 100—2020，所有实施装配式建筑楼栋均应满足装配率50%的要求。

项目的五栋公建楼栋实施装配式，均为框架剪力墙结构。主体结构基本在高精度模板和水平构件两部分实施，包括叠合楼板、预制楼梯等预制构件。

2 精细化设计要点

2.1 平面布置图

2.2 预制构件布置的注意事项

1）考虑卫生间开洞较多，以及为施工方便考虑，卫生间处均采用现浇处理；

2）个别楼栋的楼梯为剪刀梯，若按预制楼梯设计，构件重量将达到5t以上，将极大增加塔式起重机租赁费用，经综合考量，剪刀梯采用现浇方式施工；

3）公建项目标准层较多，叠合楼板因尺寸、钢筋等不同而造成的编号数量多，标准化程度较低。

2.3 预制构件深化设计注意事项

1）叠合板拆分时尽量采用1800mm、2100mm、2400mm模数宽度进行设置，可提高叠合板的标准化程度。

2）本项目对于单层平面面积大、标准层多的楼栋叠合板采用分层编号的方式；对于单层面积小、标准层少的楼栋叠合板采用整栋楼统一编号的方式（图2）。

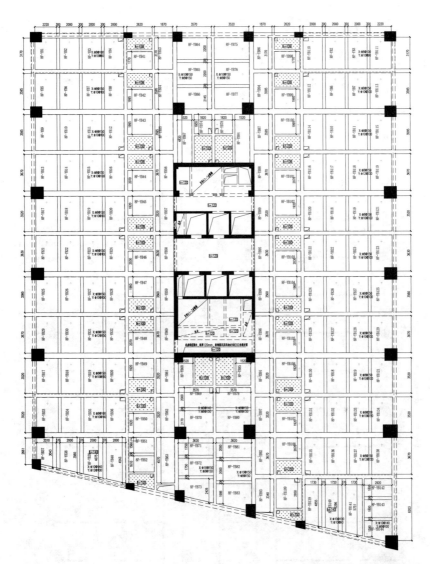

图2 水平预制构件平面布置图

2.4 蒸压加气混凝土条板（AAC条板）分析

1）AAC条板主要应用于室内隔墙、分户墙、楼梯隔墙和外围护墙。布置预制条板时尽量避开强弱电箱、公共区域设备间等位置，避免后期在预制条板上开槽或是打孔承载设备等问题。如有必要，需要在前期考虑到这些问题，并在预制条板生产时预留洞口并采取洞口补强措施（图3）。

2）贵阳地区属温和地区，上墙含水率控制在30%，在安装预制条板时应严格按安装顺序进行施工。

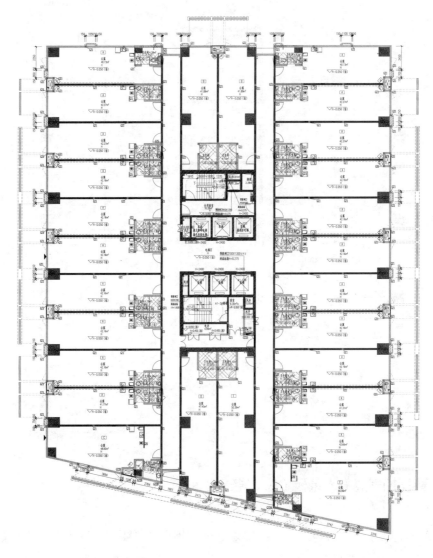

图3　AAC预制条板平面布置图

3 关键节点

3.1 叠合板和预制楼梯节点

叠合板接缝采用窄拼缝（单向板采用）和宽拼缝（双向板采用）两种。预制楼梯上端与平台板连接端为固定铰支座，下端为滑动铰支座（图4～图11）。

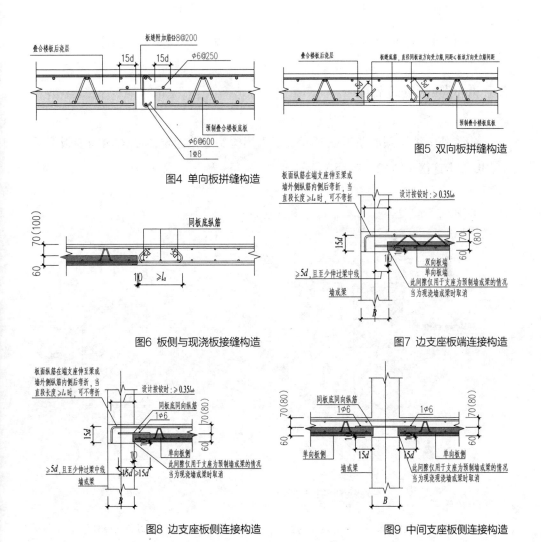

图4 单向板拼缝构造

图5 双向板拼缝构造

图6 板侧与现浇板接缝构造

图7 边支座板端连接构造

图8 边支座板侧连接构造

图9 中间支座板侧连接构造

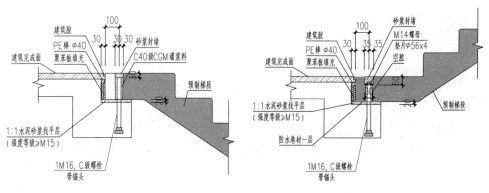

图10 梯段（上部）固定铰支座构造　　　图11 梯段（下部）滑动铰支座构造

3.2 AAC条板安装节点

AAC外围护墙预制条板安装时上下采用钩头螺栓固定，AAC内隔墙板上下采用U形卡连接（图12～图15）。

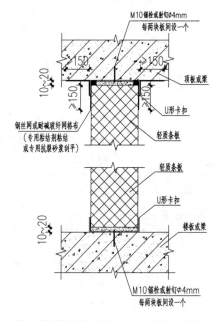

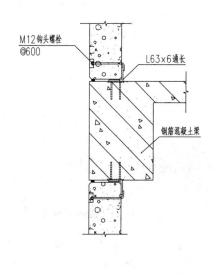

图12 轻质条板与梁板U形卡扣连接示意图　　　图13 外墙板钩头螺栓连接节点

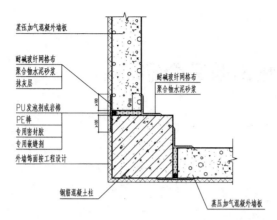

图14 外墙板连接嵌缝节点一

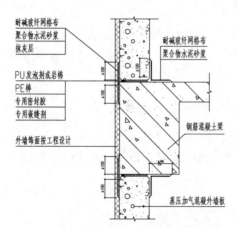

图15 外墙板连接嵌缝节点二

河南省郑州市政策介绍

1 政策文件

《河南省人民政府办公厅关于大力发展装配式建筑的实施意见》（豫政办〔2017〕153号）

《郑州市人民政府关于大力推进装配式建筑发展的实施意见》（郑政文〔2017〕37号）

《郑州市人民政府关于大力推进装配式建筑发展的补充通知》（郑政文〔2021〕25号）

《郑州市人民政府关于调整装配式建筑技术建设比例等相关规定的通知》（郑政文〔2022〕73号）

2 实施范围

1）自2021年起，郑州市中心城区建成区（郑州航空港区、郑东新区、郑州高新区、郑州经开区、市内五区。下同）三环线以内区域，新建项目（不含已立项的政府投资项目）均要采用装配式建筑技术建设。

2）郑州市中心城区建成区三环线以外区域。符合下列条件之一的项目，应采用装配式建筑技术建设：

①所有保障性住房、政府投资及国有企业投资的项目（工业建筑、仓储用房除外）。

②新建商品住房项目，自2021年起，总建筑面积10万平方米及以上的；自2022年起，总建筑面积8万平方米及以上的；自2024年起，总建筑面积6万平方米及以上的。

3）各县（市）、上街区，新建项目采用装配式建筑技术建设的建筑面积比例应达到下列要求：自2021年起，不低于20%；自2022年起，不低于30%；自2024年起，不低于40%。具体把控标准可参照郑州市标准执行。

4）应采用装配式技术建设的建筑项目中的单体建筑，符合下列条件之一的，可不采用装配式技术建设：

①高度100m以上（不含100m）的居住建筑。

②建设项目中独立设置的构筑物、垃圾房、配套设备用房、门卫房等。

③居住建筑类项目中非居住功能的售楼处、会所（活动中心）、幼儿园、商铺等独立设置的配套建筑，且全部符合下列三个条件的：配套建筑地上建筑面积总和不超过10000m²；配套建筑地上建筑面积总和不超过本项目地上总建筑面积的10%；配套建筑中的单体建筑地上建筑面积不超过3000m²。

5）鉴于安置房开工率已达90%，为加快剩余安置房建设，力争群众早日回迁，安置房项目可不采用装配式技术进行建设。

6）经市装配式建筑主管部门组织论证，确因特殊功能、结构复杂等技术原因无法满足装配式建筑建设要求的项目。

3　装配式指标要求

1）根据《河南省装配式建筑评价标准》DBJ41/T 222—2019的要求，装配式建筑应同时满足：

①主体结构部分的评价分值不低于20分；

②围护墙和内隔墙部分的评价分值不低于10分；

③采用全装修；

④装配率不低于50%。

2）装配式建筑评价项、要求及分值表见表1。

装配式建筑评分表　　表1

评价项			评价要求	评价分值	最低分值
主体结构 Q_1（50分）	q_{1a}	柱、支撑、承重墙、延性墙板等竖向构件	主要采用混凝土材料或钢-混凝土组合材料　35%≤比例≤80%	20~30*	20
			主要采用钢材或木材　—	30	
	q_{1b}	梁、板、楼梯、阳台、空调板等构件	70%≤比例≤80%	10~20*	
围护墙和内隔墙 Q_2（20分）	q_{2a}	非承重围护墙非砌筑	比例≥80%	5	10
	q_{2b}	围护墙与保温（隔热）、装饰一体化	50%≤比例≤80%	2~5*	
		围护墙与保温（隔热）一体化	50%≤比例≤80%	1.6~4*	
	q_{2c}	内隔墙非砌筑	比例≥50%	5	
	q_{2d}	内隔墙与管线、装修一体化	50%≤比例≤80%	2~5*	
		内隔墙与管线一体化	50%≤比例≤80%	1.6~4*	
装修和设备管线 Q_3（30分）		全装修	—	6	6
	q_{3a}	干式工法的楼面、地面	比例≥70%	6	—
	q_{3b}	集成厨房	70%≤比例≤90%	3~6*	
	q_{3c}	集成卫生间	70%≤比例≤90%	3~6*	
	q_{3d}	管线分离	50%≤比例≤70%	4~6*	
提高与创新加分项 T（6分）	t_1	BIM技术 BIM应包括主体结构、外围护和设备管线系统设计的信息，各阶段统一的信息模型	设计	1	—
			设计和生产	1.5	
			设计—生产—施工	2	
	t_2	承包模式　采用EPC工程总承包模式	装配式建筑项目	1	
	t_3	技术创新　有自主装配式建筑技术体系	主持编写国家、行业及我省省标	1	
	t_4	超低能耗　超低能耗建筑	符合设计标准要求	1	
	t_5	绿色施工　非预制构件现浇部分采用高精度模板	比例≥70%	1	

注：1. 表中带"*"项的分值采用"内插法"计算，计算结果取小数点后1位；

　　2. 表中q_{2b}和q_{2d}分别有两种不同程度的一体化，按项目实际情况选其中相应的一体化项进行计算，不得重复计算；若没有达到一体化要求则不选。

4 政策扶持

1)《郑州市人民政府关于大力推进装配式建筑发展的实施意见》(郑政文〔2017〕37号)规定的财政补贴标准延续至2025年底。重点推进区域(郑州航空港区除外)装配式建筑财政补贴由市级财政承担;郑州航空港区、各县(市)、上街区装配式建筑财政补贴由项目所在地财政承担。

2)对采用装配式建筑技术建设(采用预制保温外围护墙或玻璃幕墙)的项目,其外墙预制部分建筑面积不计入容积率,但其建筑面积不应超过总建筑面积的3%。对采用装配式建筑技术建设的项目,所增加的成本计入项目建设成本。

3)投入开发建设资金达到工程建设总投资的25%以上,工程进度达到正负零以上,并已确定施工进度和竣工交付日期的装配式建筑商品房项目,可向房地产管理部门申请预售许可,领取商品房预售许可证。

4)在郑州市市域内,经市装配式建筑主管部门评审的装配式建筑基地,获得国家、省、市装配式建筑产业基地称号的,分别给予500万元、300万元、200万元的市级财政资金补助,累计奖补不超过500万元。

5)在重污染天气橙色及以下预警期间,装配式建筑项目的生产、运输、施工作业原则上不停工。

6)运输不可解体且超长、超宽、超高的预制构配件,企业应按照有关规定提前办理特许通行手续,相关部门应开通绿色通道,加快手续办理。

7)根据《郑州市人民政府关于调整装配式建筑技术建设比例等相关规定的通知》(郑政文〔2022〕73号)的有关规定,"郑州市中心城区建成区三环线以内区域新建项目,继续执行郑政文〔2017〕37号、郑政文〔2021〕25号文件规定;中心城区建成区三环线以外区域未开工(含已签订土地出让合同项目)且依据原文件规定应采用装配式建筑技术建设的新建项目,由建设单位申请,经市建设主管部门批准后,其建筑面积可减半采用装配式建筑技术建设。待全市有关环境条件稳定后,继续执行原文件规定。"表明采用装配式建筑技术建设的建筑面积比例有所降低。

郑州市经开区某项目复盘

1 项目概况

1.1 地理位置

本项目位于郑州市经开区，三环线以内，距离市中心仅8km，区域位置优越，交通便利。

1.2 地块组成及建筑信息

本地块为经开区二类居住用地地块。规划用地面积约10万平方米，总建筑面积约41万平方米，地上总建筑面积约32万平方米，其中装配式奖励面积约9000平方米，地下总建筑面积约9万平方米，住宅地块容积率约为2.9。整个地块项目住宅共24栋楼，均为装配式建筑。

本项目住宅楼含5种户型，层数为18~27层，层高为2.90m和3.05m，标准化程度较高（图1~图4）。

本项目执行的政策文件为《郑州市人民政府关于大力推进装配式建筑发展的补充通知》（郑政文〔2021〕25号）。

图1 地块鸟瞰图

图2 某楼栋立面
效果图

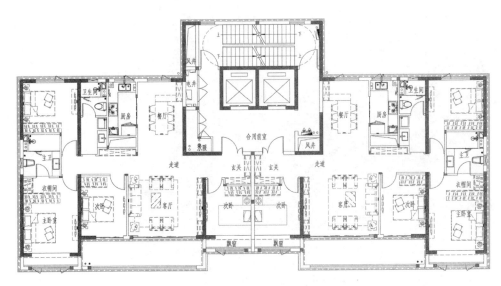

图3 某楼栋建筑平面图

图4 某楼栋建筑立面图

2 装配率方案

2.1 装配率方案确定

本项目装配率得分项为预制竖向构件、预制水平构件、外围护墙非砌筑范围、内隔墙非砌筑、全装修。

各楼装配率均≥50%。

2.2 计算指标分析

2.2.1 外围护墙非砌筑范围

全混凝土外墙不被认定为非砌筑，外围护墙非砌筑可通过预制外围护实现。

外围护墙体非砌筑的应用比例均≥80%，得5分。

2.2.2 内隔墙非砌筑范围

内隔墙非砌筑通常采用轻质板材、AAC条板等，应满足工厂生产、现场安装、以"干法"施工为主的要求。内隔墙AAC条板需避开用水较多的房间，如卫生间的墙体。若卫生间墙体采用AAC条板，需注意采用混凝土防水反坎。

本项目内隔墙非砌筑，均采用AAC条板。

非砌筑范围：户内隔墙处、电井隔墙处。

砌筑范围：厨房墙体、卫生间墙体。

内隔墙AAC条板的应用比例均≥50%，得5分。

2.2.3 全装修

全装修为必得分项，所有功能空间的固定面全部铺装或粉刷完毕，厨房与卫生间的基本设备全部安装完成。

全装修需满足住宅建筑内部墙面、顶面、地面全部铺贴、粉刷完成，门窗、固定家具、设备管线、开关插座及厨房、卫生间固定设施安装到位；住宅公共区域的固定面全部铺贴、粉刷完成，基本设备安装到位需满足建筑基本使用功能。通常称：四白落地，地面做简要铺装，厨卫洁具安装到位。

本项目装配式楼栋采用全装修，得6分。

3 主体结构方案

3.1 预制构件种类

本项目采用的预制构件类型有预制夹心保温外墙板、预制单层外墙板、预制夹心保温外围护墙板、预制内墙板、预制叠合板、预制楼梯板。

预制夹心保温外墙板具有承重和保温的双重功能，一般由60mm混凝土保护层+60mm厚挤塑聚苯板+200mm厚预制混凝土内外叶墙通过穿越保温层的保温拉结件连接，内叶墙板作为结构受力构件，外叶墙挂在内叶墙板上，在各种荷载作用下保持相对独立变形。

预制叠合板由钢筋、桁架筋和混凝土组成，其中预制层一般为60mm厚的钢筋混凝土板，预制板安装完成后绑扎楼板上铁钢筋，再浇筑现浇层混凝土。叠合板长度随跨度不同而变化，叠合板宽度控制在3m以内（含钢筋长度）。

3.2 典型预制平面图（图5、图6）

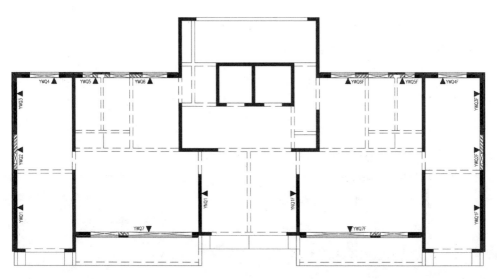

图5 某楼栋预制墙体平面

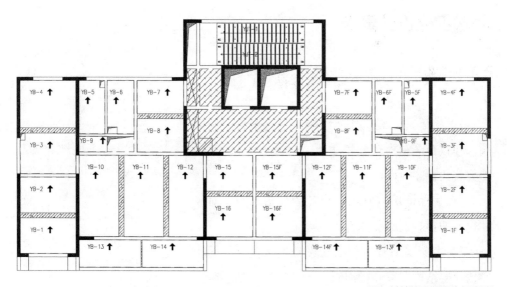

图6 某楼栋预制叠合板平面

3.3 预制构件应用范围

根据装配率≥50%、水平构件应用比例≥70%的指标要求，水平构件的预制范围为：

1）一层顶板至次顶层顶板均采用叠合板；

2）公共区域、楼梯平台板、管井及配电箱处采用现浇；

3）二层至顶层采用预制楼梯（标准化梯段）。

竖向构件的预制范围为：

1）首、二、三、四层外墙采用现浇；

2）五层至顶层外墙采用预制夹心保温外墙；

3）五层至顶层内墙采用预制内墙（图7）。

4 精细化设计要点

4.1 预制构件布置图注意事项

1）由于首层建筑功能不同、建筑平面布局不同，导致首层结构布置和标准层不同，需注意首层顶叠合楼板非标准化。

2）为保证吊装安全，避免叠合板开裂，对尺寸较大的叠合板增加叠合板的厚度。

3）由于顶层有出屋面的设备房和楼电梯间，导致顶层结构布置和标准层不同，需注意顶层墙体与标准层的不同。

4）为确保建筑外立面的完整一致性，预制夹

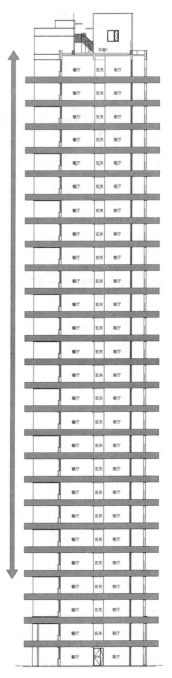

图7 某楼栋预制构件应用范围

心保温外墙板应连续布置。

5）为满足面积奖励的要求，外墙尽可能全部采用预制夹心保温外墙板。

6）控制构件的尺寸和重量，本项目外墙板最长为7.3m，内墙板最长为2.8m，叠合板最大面积为10.2m²，构件重量为5.9t。

4.2 水平构件深化设计注意事项

1）烟感线盒为铁质线盒，距离灯具中心不小于500mm。

2）立管在叠合板上预留可调节止水节，地漏在叠合板上预留普通止水节。

3）对于总厚130mm的楼板，由于止水节高度为120mm，故在浇筑楼板时需采取措施防止混凝土倒灌。

4）桁架筋和洞口或线盒干涉时，采取桁架截断补强做法不便于加工生产，桁架尽量需避开洞口或线盒。

4.3 竖向构件深化设计注意事项

1）预制墙侧面设置企口，确保接缝处后浇混凝土不突出墙面。

2）吊装埋件宜采用吊环，直径不得小于20mm，锚固长度不小于30D，D为吊环直径。

3）对于超重墙体，可将窗下墙等非结构受力部位设置减重块进行减重。如减重块不足以减重，应将墙体拆分为两块。

4.4 其他注意事项

1）预制建筑填充墙侧面采用接驳螺栓连接时，接驳螺栓的长度需满足要求（图8）。

2）对位于阳台板外侧的开关线盒，其线管布置方式需从外叶板绕至内叶

图8　接驳螺栓连接大样

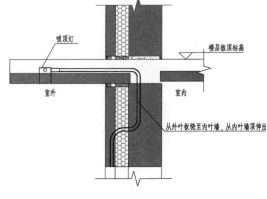

图9　预制阳台外墙线管伸出方式

墙，从内叶墙顶伸出（图9）。

　　3）目前关于保温拉结件的设计、布置和安装的规程较少，设计时可参考团体标准《预制混凝土夹心保温外墙板用金属拉结件应用技术规程》T/BCMA 002—2021。计算保温拉结件脱模承载力时，不应考虑位于内叶墙板之外的连接件（图10）。

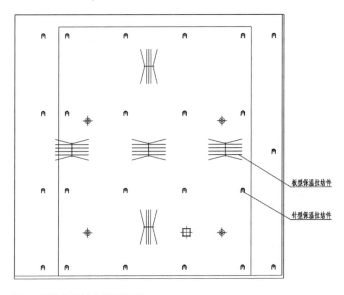

图10　保温拉结件布置示意图

4）布置保温拉结件时，边距不应过大，否则容易导致外叶板边缘翘曲（图11）。

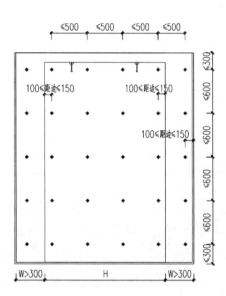

图11 保温拉结件边距要求

上海市政策介绍

1 政策文件

《上海市装配式建筑单体预制率和装配率计算细则》（沪建建材〔2019〕765号）

《关于进一步明确装配式建筑实施范围和相关工作要求的通知》（沪建建材〔2019〕97号）

《关于推进本市超低能耗建筑发展的实施意见》（沪建建材联〔2020〕541号）

《关于印发〈外墙保温系统及材料应用统一技术规定（暂行）〉的通知》（沪建建材〔2021〕113号）

《上海市超低能耗建筑项目管理规定（暂行）》（沪建建材〔2021〕114号）

2 实施范围

除下述可不实施装配式建筑范围以外，新建民用建筑、工业建筑应全部按装配式建筑要求实施，其中，新建建筑指在相关信息平台上，建设性质选为"新建"的项目；以及建设性质选为"改建"或"扩建"，且包含"新建独立单体"或"拆除重建单体"的项目（"特定旧住房拆除重建项目"除外），项目包含建设工程设计方案批复中的所有新建建筑物。

审图单位会依据本文件，对项目建设性质是否是"新建"进行把关。请建设单位比对文件正确报送项目信息，否则会造成项目后期设计的重大调整。

装配式建筑实施范围：

1）"新建"——指报建平台选"新建"；

2）"改扩建"——仅指"新建独立单体""拆除重建"；

3）"拆除重建"——指拆落地部分；

4）"特定旧住房拆除重建项目"——指相关部门认定的拆回宅项目。

可不实施装配式建筑范围：

1）建设工程设计方案批复中地上总建筑面积不超过10000m²的公共建筑类、居住建筑类、工业建筑类项目，所有单体可不实施装配式建筑。

2）建设项目中独立设置的构筑物、垃圾房、配套设备用房、门卫房等，可不实施装配式建筑。

3）当居住建筑类项目中非居住功能的建筑，其地上建筑面积总和不超过10000m²，且其与本项目地上总建筑面积之比不超过10%时，地上建筑面积不超过3000m²的售楼处、会所（活动中心）商铺等独立配套建筑，可不实施装配式建筑。

4）当工业建筑类项目中配套生活用房及配套研发楼等地上建筑面积总和不超过10000m²，且其与本项目地上总建筑面积之比不超过7%时，地上建筑面积不超过3000m²的配套生活用房、配套研发楼等独立非生产用房，可不实施装配式建筑。

技术条件特殊的建设项目，可申请调整预制率或装配率指标。

3 装配式指标要求

建筑单体预制率，是指混凝土结构、钢结构、竹木结构、混合结构等结构类型的装配式建筑单体±0.000以上主体结构、外围护中预制构件部分的材料用量占对应结构材料总用量的比率。

建筑单体预制率可按"体积占比法"和"权重系数法"两种方法进行计算（表1）。

方法一，体积占比法：

$$建筑单体预制率 = \frac{\sum 预制构件体积 \times 构件修正系数}{构件总体积} \times 100\%$$

方法二，权重系数法：

$$建筑单体预制率 = \sum [权重系数 \times \sum (构件修正系数 \times 预制构件比例)]$$

预制率权重系数表   表1

序号	构件类型	结构体系			比例计算方法
		剪力墙	框架（或框架—支撑）	框剪（或框筒）	
1	墙	0.55	0.25	0.20	按墙体中心线长度统计
2	柱/支撑	/	0.20	0.25	按构件中心线长度统计
3	梁	0.1	0.25	0.25	按构件中心线长度统计
4	板	0.3	0.25	0.25	按水平投影面积统计（板边统计至支承构件边）
5	楼梯	0.05	0.05	0.05	按梯段板水平投影面积统计

上海市静安区某项目复盘[*]

1 项目概况

　　此项目分为东、西两地块。项目西地块占地面积4万平方米，住宅总地上计容建筑面积7万平方米，容积率2.8。西地块建筑规划控制高度为100m；东地块占地面积3万平方米，住宅总地上计容建筑面积6万平方米，容积率2.96，东地块建筑规划控制高度为80m（图1）。

　　本项目为超低能耗建筑，采用新型保温材料，拿到了超低能耗建筑3%容积率奖励；因项目楼体高度大于60m，需进行外墙保温一体化技术安全性评审会，并一次性过会（图2）。

图1 项目效果图

---

* 本案例由上海圣奎新型建材有限公司提供资料。

图2 超低能耗之外墙保温
一体化技术安全评审会

2 项目方案

保障房和商品房，采用装配整体式剪力墙结构，楼盖体系采用钢筋桁架叠合楼板和现浇混凝土梁。

商品房主要预制构件有预制剪力墙、硅墨烯保温反打预制外墙板、硅墨烯保温反打预制凸窗、预制楼梯、预制阳台板，楼板采用预制叠合板，大大提高了工程质量和施工效率，有效减少了建筑资源浪费，具有很高的节能减排效果。

根据沪建建材〔2019〕97号文中相关规定，本项目中门卫、垃圾房、配套用房等，可不采用装配式建筑。其余楼均满足40%预制率要求。

2.1 外墙一体化系统介绍

本项目采用外墙保温与结构一体化设计。结合装配式建筑的需求，本项目商品房在PC部分采用预制混凝土硅墨烯反打保温系统。非PC部分墙体均采用现浇混凝土硅墨烯免拆保温模板一体化墙体系统。并辅以外墙内保温系统作为补充，以满足超低能耗建筑设计的外围护墙体不透明构件部分的传热系数要求。

（1）预制混凝土反打保温外墙系统

该系统作预制外墙的使用。反打保温材料为硅墨烯保温板（导热系数0.054 W/（m·K），燃烧性能A级）。

（2）现浇混凝土免拆保温模板外墙系统

该系统作保温的现浇混凝土外墙使用。免拆保温模板为硅墨烯保温板（导热系数0.054W/（m·K），燃烧性能A级）。

各楼栋楼保温系统的立面分布情况为首层采用硅墨烯免拆模，其余楼层采用硅墨烯保温反打，局部硅墨烯免拆模。

2.2 装配式技术方案

标准层外墙保温一体化范围如图3所示。

标准层预制水平构件范围如图4所示。

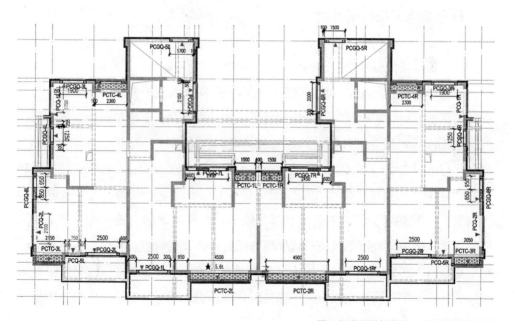

图3 标准层外墙保温一体化范围示意图

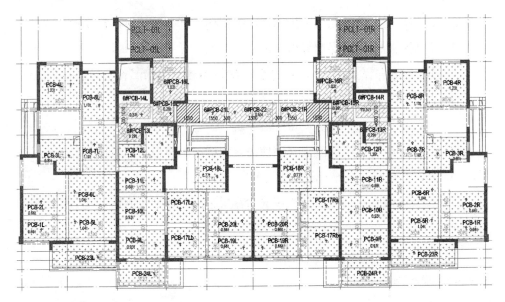

图4 标准层预制水平构件范围示意图

2.3 硅墨烯保温板材料性能

（1）保温板的基本性能指标

硅墨烯保温板是A级不燃新型保温材料，采用浅发泡石墨聚苯乙烯颗粒与含有硅质活性材料、矿质材料及外加剂复配后，经由模具压制成型经高温蒸压制成的，内部设置双层热镀锌钢丝网的大规格高强度保温板（规格为1.2m×2.4m×厚度、1.2m×3.0m×厚度），高温加压加工后，浅发泡聚苯乙烯粒子受热膨胀在模具约束条件下挤压交联并在活性无机材料交联作用下，获得不燃、弯曲变形（柔韧性）、导热系数、抗弯荷载、弹性模量、低吸水率的完美平衡，施工中主要作为免拆模板与混凝土现浇形成保温与结构一体化的构造；保温板与混凝土的粘结强度≥0.20MPa，是目前国家相关标准的200%；锚固连接件在支模时穿透保温板的双层钢丝网与混凝土浇筑连接，进一步保障了保温系统与混凝土连接的安全性（表1）。

保温板的性能指标　　表1

项目	指标	试验方法
干密度（kg/m³）	160～220	GB/T 5486
抗冲击性	经10次抗冲击试验后，板面无裂缝	JG/T 159
抗压强度（MPa）	≥0.30	GB/T 5486
垂直于板面的抗拉强度（MPa）	≥0.25	GB/T 29906
压缩弹性模量（kPa）	≥20000	GB/T 8813
抗弯荷载（N）	≥3000	GB/T 19631
弯曲变形（mm）	≥6	GB/T 10801.1
体积吸水率（%）	≤6	GB/T 5486
导热系数（25℃）[W/（m·K）]	≤0.054	GB/T 10294
软化系数	≥0.8	JG/T 158
干燥收缩（%）	≤0.3	GB/T 11969
燃烧性能级别	A（A2）级	GB 8624

（2）保温板的耐久性

SW硅墨烯免拆模板采用混凝土反打工艺成型的外墙板，其与混凝土之间的连接可靠性经加强版耐候性试验后，保温板与混凝土界面粘贴牢靠，拉伸粘接强度测试断裂面均位于保温板内。

加强版耐候性试验方法在综合国内主流的三个外墙外保温耐候性测试方法的基础上，选择了最严苛的试验条件，除循环测试次数加倍外，还增加了80次冻融循环试验，可模拟自然环境条件。正常的耐候性试验方法是参照了欧洲E0TA004规程进行的，通过该标准测试的外墙外保温系统被认为其实际使用寿命可达到25年。根据欧洲研究机构的最新报告，通过该耐候性试验的外墙保温系统实际工程已超过50年，系统保持完整，还能正常使用。加强版耐候性试验可快速模拟50年的使用环境。

（3）保温板与混凝土墙体的粘接性能

根据硅墨烯材料拉伸粘接强度的测试报告，保温板与墙体间的粘结拉力达到

0.29MPa，也满足上海市《外墙保温系统及材料应用技术统一规定（暂行）》所要求的粘结强度大于等于0.20MPa的规定（表2）。

第二次加强版耐候性试验后系统拉伸粘结强度测试结果　　表2

序号	饰面类型	切割面积（mm²）	破坏荷载（N）	破坏形式	拉伸粘结强度（MPa）	拉伸粘结强度（平均值）MPa
1	涂料	42×42	497	保温层破坏	0.282	0.27
2		43×43	424	保温层破坏	0.229	
3		43×43	533	保温层破坏	0.288	
4		43×44	500	保温层破坏	0.264	
5		45×44	427	保温层破坏	0.216	
6		44×43	546	保温层破坏	0.289	
7	陶瓷砖	49×51	1006	抗裂砂浆层破坏	0.402	0.42
8		46×52	1128	抗裂砂浆层破坏	0.472	
9		46×54	986	抗裂砂浆层破坏	0.397	
10	采用钻芯法取样，测试系统的拉伸粘结强度（涂料饰面）	φ75（4416）	1095	保温板破坏	0.248	0.29
11		φ75（4416）	1479	保温板破坏	0.335	
12		φ75（4416）	1489	保温板破坏	0.337	
13		φ75（4416）	1374	保温板破坏	0.311	
14		φ75（4416）	1388	保温板破坏	0.314	
15		φ75（4416）	1076	保温板破坏	0.244	
16		φ75（4416）	1442	保温板破坏	0.327	
17		φ75（4416）	433	锚栓盘表面	0.098	
18		φ75（4416）	1437	保温板破坏	0.325	
19		φ75（4416）	1361	保温板破坏	0.308	
20		φ75（4416）	1384	保温板破坏	0.313	
21		φ75（4416）	1410	保温板破坏	0.319	

（4）辅助材料性能（表3）

耐碱涂覆中碱玻璃纤维网格布性能指标   表3

项目	指标	试验方法
单位面积质量（g/m²）	≥130	
耐碱拉伸断裂强力（经、纬向）（N/50mm）	≥750	
耐碱拉伸断裂强力保留率（经、纬向）（%）	≥75	JC/T 841
断裂伸长率（%）	≤4.0	
氧化锆、氧化钛含量（%）	ZrO_2含量（14.5±0.8）且TiO_2（6±0.5）或ZrO_2和TiO_2含量≥19.2且ZrO_2含量≥13.7或ZrO_2含量≥16.0	

安徽省合肥市政策介绍

1 相关条文

《合肥市人民政府办公室关于进一步推进建筑产业化发展的实施意见》（合政办〔2019〕22号）

《关于做好我市装配式建筑项目实施有关工作的通知》（合建产组办〔2019〕13号）

《关于印发〈合肥市装配式建筑装配率计算方法（2020版）〉的通知》（合建〔2020〕53号）

《关于印发装配式建筑驻厂监造实施指南的通知》（合建产〔2021〕9号）

《关于印发〈合肥市2022年装配式建筑工作要点〉的通知》（合建产组办〔2022〕2号）

《关于印发〈合肥市装配式建筑项目技术方案和装配率指标专家评审、审核认定工作指南〉的通知》（合建产〔2018〕17号）

《关于规范我市装配式建筑灌浆工等关键岗位作业人员行为的通知》（合建产〔2018〕6号）

《关于规范合肥市装配式建筑样板房管理有关事项的通知》（合建产〔2019〕2号）

《关于印发〈合肥市住宅品质提升系列指引（试行）〉的通知》（合规委办〔2022〕2号）

《关于印发〈合肥市装配式建筑容积率奖励实施细则（试行）指引〉的通知》（合自然资规发〔2022〕113号）

《合肥市装配式建筑装配率计算方法（2020版）》

2 政策分析

2.1 装配式发展目标与实施要求

发展目标：到2020年，实现装配式建筑占新建建筑面积的比例达20%以上，建筑产业链总产值达1000亿元以上；到2025年，装配式建筑占新建建筑面积的比例达30%以上，建筑产业链总产值达2000亿元以上。

实施要求：自2020年起，全市所有保障性住房（含棚户区、城中村改造、拆迁安置用房以及租赁住房等）、人才公寓等住宅建筑和政府投资建筑面积大于10万平方米的公共建筑全部应用装配式建造技术，非政府投资新建项目逐年增加装配式建造技术应用比例。

实施标准化建造：全面推行"1+5"建造模式，即"装配式建筑"+"工程总承包（EPC）+建筑信息模型（BIM）+新型模板+专业化队伍+绿色建筑"。

重点推进区域和积极推进区域的二级城镇，非政府投资的新建项目总建筑面积大于20万平方米的，应采用装配式建造技术。滨湖科学城（滨湖新区）新建项目总建筑面积大于10万平方米的，应采用装配式建造技术。

重点推进区域实施装配式建造技术的民用建筑装配率不低于50%，积极推进区域实施装配式建造技术的民用建筑装配率不低于30%。

2.2 单体控制指标

计算依据：《合肥市装配式建筑装配率计算方法（2020版）》。

满足下列要求时方可评价为装配式建筑：

1）主体结构部分的计算分值不低于20分；

2）围护墙和内隔墙部分的计算分值不低于10分；

3）采用全装修得6分；

4）采用应用项得分不低于5；

5）装配率不低于50%。

2.3 装配率计算（表1）

合肥市装配式建筑装配率计算表　　　　　　　　　　　表1

评价项		评价要求	评价分值	最低分值	项目实施情况	体积或面积或长度	对应部分总体积或总面积或总长度	比例	评价分值	得分
主体结构 Q_1（50分）	柱、支撑、承重墙、延性墙板等竖向构件	35%≤比例≤80%	20~30	20						
	梁、板、楼梯、阳台、空调板等水平构件	70%≤比例≤80%	10~20							
围护墙和内隔墙 Q_2（20分）	非承重围护墙非现场砌筑	比例≥80%	5	10						
		50%≤比例<80%	2~5							
	围护墙与保温、隔热、装饰一体化	50%≤比例≤80%	2~5							
	内隔墙非现场砌筑	比例≥50%	5							
		30%≤比例<50%	2~5							
	内隔墙与管线、装修一体化	50%≤比例≤80%	2~5							

续表

评价项		评价要求	评价分值	最低分值	项目实施情况	体积或面积或长度	对应部分总体积或总面积或总长度	比例	评价分值	得分
装修和设备管线 Q₃（30分）	全装修	—	6	6	—					
	干式工法的楼面、地面	比例≥70%	6							
	集成厨房	70%≤比例≤90%	3~6							
	集成卫生间	70%≤比例≤90%	3~6							
	管线分离	50%≤比例≤70%	1~3							
		50%≤比例≤70%	1~3							
装配式建筑技术应用 Q₅	应用项	工程总承包	2	2	—					
		全过程应用BIM技术	1~2	1						
		50%≤比例≤70%	1~2	1						
		培训合格率达到100%	1	1						
	鼓励项	应用比例≥60%	1~3							
		应用	1							
		应用率≥95%	1							
	创新项	装配式建筑创新技术	1~3							
装配率										

本细则中未明确的评分计算方法均应参照《装配式建筑评价标准》GB/T 51129—2017的相关要求执行。

《装配式建筑评价标准》GB/T 51129—2017及《合肥市装配式建筑装配率计算方法（2020版）》中未明确的，由合肥市装配式建筑专家委员会解释。

2.4 奖励政策

装配率30%项目备案价提高300元/m^2；

装配率50%项目备案价提高500元/m^2；

国标A级—国标装配率60%以上项目备案价提高800元/m^2。

合肥市庐阳区某项目复盘[*]

1 项目概况

该项目位于合肥市庐阳区，总建筑面积约15万平方米，地上总面积约11万平方米。按政府回复文件及相关征询文件要求，本项目中住宅建筑应采用装配式技术进行建造，且装配率不低于50%。经建设单位申请、合肥市建筑产业化工作领导小组办公室研究批复，本项目全部住宅楼栋实施装配式建造（图1）。

图1 项目效果图

---

* 本案例参考文献：《安徽省建筑信息模型（BIM）技术应用指南（2017版本）》。

2 装配式技术方案

　　合肥市标《合肥市装配式建筑装配率计算方法（2020版）》参照国家标准并结合合肥市本土特色进行编制，其中未明确的评分计算方法参照国标。

《合肥市装配式建筑装配率计算方法（2020版）》：

　　1　依据《装配式建筑评价标准GB/T 51129—2017》（以下简称《国标》）和国家、省市有关文件规定，结合我市发展实际，制定本方法。

　　2　《合肥市装配式建筑装配率计算方法》（以下简称《方法》）适用于我市装配式混凝土结构、装配式钢结构以及装配式混合结构建筑的装配率计算。装配式木结构建筑的装配率计算可参照本《方法》计算。

　　本《方法》所称装配率是指单体建筑室外地坪以上的主体结构、围护墙和内隔墙、装修和设备管线等采用预制部品部件的综合比例。

　　3　合肥市装配式建筑装配率按下式计算

$$P=\left(\frac{Q_1+Q_2+Q_3}{100-Q_4}\right)\times100\%+\frac{Q_5}{100}\times100\%$$

式中：　P——装配率；

　　　　Q_1——主体结构指标实际得分值；

　　　　Q_2——围护墙和内隔墙指标实际得分值；

　　　　Q_3——装修和设备管线指标实际得分值。

　　经计算所有单体装配率均满足要求。某17层楼栋平面布置方案如图2、图3。

　　预制构件分布范围：①预制楼梯：二至十七层；②预制阳台板及设备平台板：采用叠合楼板及全预制设备平台板，一层顶至十六层顶；③叠合楼板：采用叠合楼板，一层顶至十六层顶；④预制竖向构件：采用预制内剪力墙、预制夹心保温外剪力墙、预制夹心保温非承重围护墙、预制夹心保温飘窗及PCF板；⑤预制内隔墙：采用AAC内墙，一层至十七层。

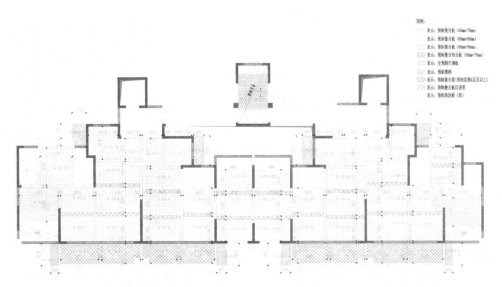

图2 预制水平构件平面布置图

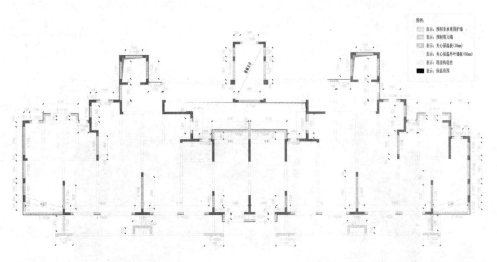

图3 预制竖向构件平面布置图

3 设计亮点

3.1 构件选型

根据合肥市装配式建筑的特点，并将本地装配式建造方式的优势最大化，该项目竖向构件预制范围主要选择外墙构件，采用部分内剪力墙进行预制，外墙采用夹心保温墙体，整体通过连接件可靠连接，可有效避免保温层脱落现象，从而真正实现外保温与结构主体同寿命（图4）。

图4 外墙构件施工现场

3.2 异形构件设计

楼梯间窗墙位置设置在休息平台上下两侧，为便于后期施工，该外墙拆分为"H形"构件，楼梯间预制外墙采用中间预留休息平台搭接钢筋的方式；由于本预制外墙构件造型为"H形"，在预制构件生产及运输过程中容易造成混凝土开裂、变形等情况，所以该构件在上下两端均预埋螺栓，后期构件生产脱模时通过槽钢固定在预埋的螺栓上，防止出现构件开裂、形变等不利因素（图5）。

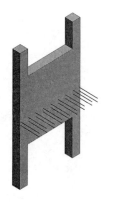
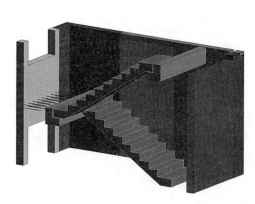

图5 异形构件设计

3.3 设计阶段的BIM应用设计

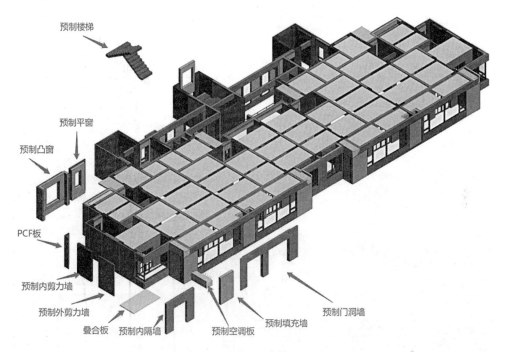

预制楼梯

预制平窗

预制凸窗

PCF板

预制内剪力墙

预制外剪力墙

叠合板　预制内隔墙　预制空调板　预制填充墙　预制门洞墙

图6 构件三维示意图

1）装配式方案模型：使用BIM系列软件，建立本项目装配式户型库及预制构件库，搭建本项目装配式方案模型，对现浇部分及预制部分进行区分，校核建筑、结构专业模型的准确性及完整性，为后续应用提供保障。

2）可视化展示：BIM技术相比较传统的建筑方式，设计更加精细，同时实现了建筑设计方案的可视化。BIM技术将人机技术结合的优势更为明显，对于方案中的缺陷能够及时修正处理。利用BIM三维模型可视化的特点，对预制构件的组合关系、分布、种类及数量等进行可视化展示（图6）。

3）装配率计算：利用搭建的装配式方案拆分模型，依据《合肥市装配式建筑装配率计算方法（2020版）》的需要，对所有预制构件进行构件编号。由模型输出相关计算数据及表格对竖向承重预制构件的体积、水平预制构件的投影面积、非承重围护墙非砌筑的外表面积等进行统计，对建筑物单体装配率进行复核。以栋楼为例，四至十七层为预制层，以单层为例导出明细表如图7所示。

〈预制外墙明细表〉

A 族与类型	B 长度	C 面积	D 标记	E 注释
基本墙: B-PCF3				
基本墙: B-PCF3	1000	2.87	预制构件外墙	
基本墙: B-PCQ1L				
基本墙: B-PCQ1L	1700	4.25	预制构件外墙	
基本墙: B-PCQ3L				
基本墙: B-PCQ3L	5150	5.81	预制构件外墙	
基本墙: B-PCQ3L	5150	5.81	预制构件外墙	
基本墙: B-PCQ4L				
基本墙: B-PCQ4L	1300	2.68	预制构件外墙	
基本墙: B-PCQ4R				
基本墙: B-PCQ4R	300	0.86	预制构件外墙	
基本墙: B-PCQ4R	300	0.86	预制构件外墙	
基本墙: B-PCQ4R	700	0.78	预制构件外墙	
基本墙: B-PCQ4R	700	0.33	预制构件外墙	
基本墙: B-PCQ5L				
基本墙: B-PCQ5L	250	0.72	预制构件外墙	
基本墙: B-PCQ5L	150	0.43	预制构件外墙	
基本墙: B-PCQ5L	600	0.54	预制构件外墙	
基本墙: B-PCQ5L	600	0.28	预制构件外墙	
基本墙: B-PCQ6R				
基本墙: B-PCQ5R	250	0.72	预制构件外墙	
基本墙: B-PCQ5R	150	0.43	预制构件外墙	
基本墙: B-PCQ5R	600	0.54	预制构件外墙	
基本墙: B-PCQ5R	600	0.28	预制构件外墙	
基本墙: B-PCQ6R				
基本墙: B-PCQ6R	3200	3.42	预制构件外墙	
基本墙: B-PCQ7				
基本墙: B-PCQ7	1400	4.20	预制构件外墙	
基本墙: B-PCTC1L				
基本墙: B-PCTC1L	500	1.80	预制构件外墙	
基本墙: B-PCTC1L	2800	5.10	预制构件外墙	
基本墙: B-PCTC1L	390	1.47	预制构件外墙	
基本墙: B-PCTC1L	600	1.80	预制构件外墙	
基本墙: B-PCTC1L	600	1.80	预制构件外墙	
基本墙: B-PCTC1L	390	1.47	预制构件外墙	
基本墙: B-PCTC1R				
基本墙: B-PCTC1R	550	1.53	预制构件外墙	
基本墙: B-PCTC1R	1700	0.85	预制构件外墙	
基本墙: B-PCTC1R	1700	1.19	预制构件外墙	
基本墙: B-PCTC1R	550	1.53	预制构件外墙	
基本墙: C-PCQ1L				
基本墙: C-PCQ1L	5350	5.69	预制构件外墙	
基本墙: C-PCQ1R				
基本墙: C-PCQ1R	5350	5.69	预制构件外墙	
基本墙: C-PCQ2L				
基本墙: C-PCQ2L	1190	3.09	预制构件外墙	

〈预制叠合板明细表〉

A 族与类型	B 面积	C 体积	D 标记
楼板: B-PCB-1L			
楼板: B-PCB-1L	3.88	0.23	预制叠合板
楼板: B-PCB-1R			
楼板: B-PCB-1R	3.55	0.21	预制叠合板
楼板: B-PCB-2L			
楼板: B-PCB-2L	5.33	0.32	预制叠合板
楼板: B-PCB-2R			
楼板: B-PCB-2R	4.88	0.29	预制叠合板
楼板: B-PCB-3L			
楼板: B-PCB-3L	5.79	0.35	预制叠合板
楼板: B-PCB-3R			
楼板: B-PCB-3R	5.79	0.35	预制叠合板
楼板: B-PCB-4L			
楼板: B-PCB-4L	5.78	0.35	预制叠合板
楼板: B-PCB-4R			
楼板: B-PCB-4R	5.78	0.35	预制叠合板
楼板: B-PCB-5L			
楼板: B-PCB-5L	5.78	0.35	预制叠合板
楼板: B-PCB-5R			
楼板: B-PCB-5R	5.78	0.35	预制叠合板
楼板: B-PCB-6L			
楼板: B-PCB-6L	4.00	0.24	预制叠合板
楼板: B-PCB-6R			
楼板: B-PCB-6R	4.00	0.24	预制叠合板
楼板: B-PCB-7L			
楼板: B-PCB-7L	4.58	0.27	预制叠合板
楼板: B-PCB-7R			
楼板: B-PCB-7R	4.58	0.27	预制叠合板
楼板: B-PCB-8L			
楼板: B-PCB-8L	5.23	0.31	预制叠合板
楼板: B-PCB-8R			
楼板: B-PCB-8R	5.23	0.31	预制叠合板
楼板: B-PCB-9L			
楼板: B-PCB-9L	5.23	0.31	预制叠合板
楼板: B-PCB-9R			
楼板: B-PCB-9R	5.23	0.31	预制叠合板
楼板: B-PCB-10L			
楼板: B-PCB-10L	5.22	0.31	预制叠合板
楼板: B-PCB-10R			
楼板: B-PCB-10R	5.22	0.31	预制叠合板
楼板: B-PCB-11L			
楼板: B-PCB-11L	5.22	0.31	预制叠合板
楼板: B-PCB-11R			
楼板: B-PCB-11R	5.22	0.31	预制叠合板
楼板: B-PCB-12L			
楼板: B-PCB-12L	5.22	0.31	预制叠合板

图7 预制构件明细表示意

4）建筑性能分析：利用BIM模型，对建筑物进行节能分析。根据分析结果，综合考虑并进行相关的调整优化，提升建筑品质，提高客户满意度，达到最优的人居环境（图8）。

全年供冷和供暖耗电量表

建筑类别 \ 耗电量种类	全年供冷耗电量（kWh）	全年供暖耗电量（kWh）
建设建筑	21488.31	28520.85
参照建筑	33903.49	22439.87

本建筑的单位面积空调和采暖耗电量结果如下：

全年供冷和供暖耗电量指标表

计算结果	设计建筑单位面积耗电量 （kWh/m²）	参照建筑单位面积耗电量 （kWh/m²）
全年耗电量	9.04	10.18

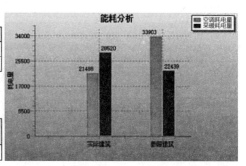

图8 建筑性能分析

5）结构分析：结构计算分析采用YJK系列结构计算软件，结构整体分析采用与现浇结构相同的方法进行分析，抗震设计时，对同一层内既有现浇墙肢也有预制墙肢的装配整体式剪力墙结构，现浇墙肢水平地震作用弯矩、剪力乘以1.1的增大系数（图9）。

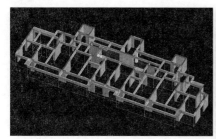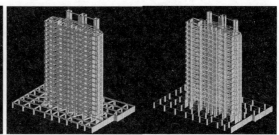

图9 结构分析

浙江省宁波市政策文件

1 政策文件

《宁波市人民政府办公厅印发关于加快推进新型建筑工业化若干意见的通知》（甬政办发〔2015〕99号）

《宁波市人民政府办公厅关于进一步加快装配式建筑发展的通知》（甬政办发〔2017〕30号）

《关于明确〈关于进一步加快装配式建筑发展的通知〉中相关内容实施要求的通知》（甬建发〔2018〕44号）

《宁波市装配式建筑装配率与预制率计算细则》（甬建发〔2018〕）

《宁波市绿色建筑专项规划（2018—2025年）》

《宁波市推进钢结构装配式住宅试点工作实施方案》（甬建函〔2019〕172号）

《宁波市装配式混凝土预制构件设计细则》甬DXJS013—2021

2 政策分析

1）2019年1月1日起，城区范围内及泗门卫星城行政区域范围内非政府（国有）投资为主的新建项目单体建筑工程全部采用装配式建筑；其他区域新建项目不少于20%的计容建筑面积采用装配式建筑。

公共建筑装配率不低于60%，居住建筑装配率不低于50%，单体建筑预制率均不低于40%。装配式建筑宜采用预制外墙，房地产开发的住宅项目预制外墙外表面积比不应小于50%。

2）单体抗震设防类别为重点设防类及以上、需抗震设防专项审查的超限高层建筑、4层及以下公共建筑的单体可以仅填写预制率或装配率指标。

3）因项目规模限制，下列项目可以采用其他建造方式：项目总计容建筑面积5000m²以下的居住建筑和公共建筑项目；居住建筑项目中计容建筑面积1500m²以下且层数不超过3层的单体建筑；项目中独立成栋的构筑物、配套附属设施（卫生、给水排水、供暖、通风、通信、电气、煤气、消防、人防、景观等用房）。

4）对采用新型建筑工业化方式建造且符合相关条件的建设项目，预制外墙、叠合外墙墙体预制部分的建筑面积不计入容积率，但是超过实施新型建筑工业化的各单体正负零以上地面计容建筑面积3%的，超过部分计入容积率。

5）2020年起，海曙区、江北区和鄞州区行政区域内新建政府（国有）投资为主的住宅项目和房地产开发住宅项目中不少于10%计容面积采用钢结构装配式建筑；其他地区实施装配式建筑的住宅项目中不少于5%计容面积采用钢结构装配式建筑。

3 当地装配式评分表（表1、表2）

装配率评分表 表1

评价项			评价要求	评价分值	最低分值
主体结构（Q₁）（50分）	柱、支撑、承重墙、延性墙板等竖向构件	应用预制部件	35%≤比例≤80%	20~30*	20
		现场采用高精度模板	70%≤比例≤90%	5~10*	
		现场应用成型钢筋	比例≥70%	4	
	水平构件	梁、板、阳台、空调板等构件	70%≤比例≤80%	10~20*	
		楼梯	70%≤比例≤80%	3~5*	

续表

评价项			评价要求	评价分值	最低分值
围护墙和内隔墙（Q₂）（20分）	应用非砌筑墙体	非承重围护墙非砌筑	比例≥80%	5	10
		预制外墙外表面积	比例≥50%	5	
	围护墙采用	围护墙与保温隔热、装饰一体化	50%≤比例≤80%	2～5*	
		保温隔热与装饰一体化板	比例≥80%	3.5	
		围护墙与保温隔热一体化	50%≤比例≤80%	1.2～3.0*	
	内隔墙非砌筑		比例≥50%	5	
	内隔墙采用精准砌块		比例≥80%	2	
	内隔墙采用	墙体与管线、装修一体化	50%≤比例≤80%	2～5*	
		墙体与管线一体化	50%≤比例≤80%	1.2～3.0*	
装修和设备管线（Q₃）（30分）	全装修	公共部位全装修	—	4	6
		全装修	—	6	
	干式工法楼面		比例≥70%	6	
	集成厨房		70%≤比例≤90%	3～6*	
	集成卫生间		70%≤比例≤90%	3～6*	
	管线分离	竖向布置管线与墙体分离	50%≤比例≤70%	1～3*	
		水平向布置管线与楼板和湿作业楼面垫层分离	50%≤比例≤70%	1～3*	

预制率评分表

表2

装配式建筑预制率评分表					
评价项			评价要求	预制率分值	最低分值
基本预制率	主体结构部件（预制柱/斜撑、预制梁、预制剪力墙、预制楼板、预制楼梯、预制阳台、预制设备平台、预制连廊、预制空调板等）、结构预制部品（预制非承重延性墙板、非承重预制混凝土内隔墙）的应用比例		装配式混凝土建筑单体±0.000以上的主体结构、围护结构、非承重内隔墙中，预制构件的混凝土用量占混凝土总用量的体积比	按计算要求得分	预制率要求的50%
附加预制率	建筑新技术	预制外围护采用	外围护与保温隔热、装饰一体化	—	6
			外围护与装饰（或保温隔热）一体化	—	4
			预制外墙窗框一体化	—	2
		非挤土预制桩	20m≤平均桩长≤40m	4～6*	
		BIM技术	—	2～4*	
		减隔震技术	—	6	

装配式建筑预制率评分表					
评价项			评价要求	预制率分值	最低分值
附加预制率	构件标准化	预制(叠合、空腔)楼板	应用比例≥70%	30%≤应用最多的5种规格的标准化程度≤70%	3~5*	
		预制外墙	应用比例≥50%	30%≤应用最多的5种规格的标准化程度≤70%	3~5*	
		预制楼梯	应用比例≥70%	30%≤应用最多的3种规格的标准化程度≤70%	2~4*	
		整体预制阳台	应用比例≥70%	30%≤应用最多的3种规格的标准化程度≤70%	2~4*	

宁波奉化某项目复盘

1 项目概况

　　项目位于宁波市奉化区，用地总面积5.9万平方米，其中地上计容总建筑面积约1.5万平方米，由16栋住宅及若干配套用房组成（图1）。

图1 项目效果图

2 项目方案

项目装配式要求执行当地标准《宁波市装配式建筑装配率与预制率计算细则》《宁波市推进钢结构装配式住宅试点工作实施方案》。根据当地政策，本项目各住宅楼栋均采用装配式体系，不申请面积奖励。单体建筑装配率平均为51.8%，单体建筑预制率平均为41.6%。本项目钢结构建筑面积为2.3万平方米，大于5%的住宅计容面积采用钢结构装配式的政策要求。

2.1 装配率、预制率得分方案

（1）结构体系

1~13号、16号楼均采用装配式剪力墙结构体系，14、15号楼采用装配式钢结构体系，所有楼栋单体预制率不低于40%，装配率不低于50%。本项目预制构件包括预制外围护墙、预制叠合楼板、预制楼梯、装配式轻质内隔墙板。

（2）拆分原则

项目贯彻安全、适用、经济、美观的设计原则，做到技术先进、功能合理，确保工程质量，充分发挥建筑工业化的优越性，促进住宅产业化的发展。体现以人为本、可持续发展，以及节能、节地、节材、节水的指导思想，考虑环境保护要求，并满足老年人、残疾人等居住者的特殊使用要求。在标准化、系列化设计的同时，结合总体布局和立面色彩、细部处理等方面，丰富建筑造型及空间。

结合目前上海、北京等一线城市的装配式设计经验，在40%的预制率要求下，预制构件一般选择外围护墙板（外挂或外隔墙板）、阳台、空调板、楼板、楼梯、内隔墙等便于预制且不影响结构体系的简单构件，基本能够满足预制率要求。在条件允许下，拆分预制构件时尽量按照2M、3M为模数化标准。具体预制构件拆分原则如下：

1）预制构件尺寸尽量按照少规格、多组合的原则。

2）外立面的围护外墙尽量按照单开间拆分，高度不跨越层高，重量不超过

5t，其中框架梁与梁下墙体一体化预制。

　　3）楼梯按单块斜板预制，不带梯梁和休息平台。

2.2 平面布置方案

　　图2为某户型装配式混凝土预制方案，图中点状填充为预制楼板，网格填充为预制楼梯，非承重外墙线条填充为预制墙。其中依据当地计算细则，阳台、走廊处预制楼板可将外墙纳入装配式外墙面积计算。

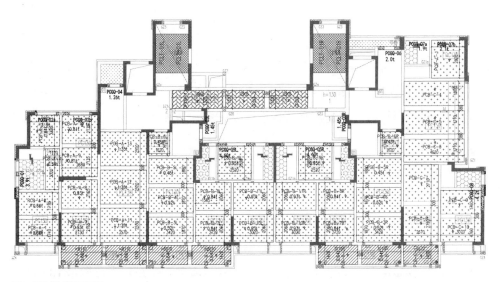

图2　预制构件平面图1

　　图3为钢结构平面方案，采用了钢梁、钢柱、钢筋桁架楼承板、预制混凝土楼梯、AAC外墙板。其中，阳台及连廊位置布置钢筋桁架楼承板，可将对应部位外墙纳入装配式外墙计算，使预制外墙外表面积比例达到了50%。

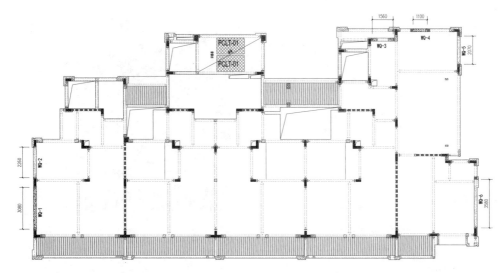

图3 预制构件平面图2

3 专项研究

3.1 装配式钢结构住宅外墙防水设计

1）该住宅外墙有较多的造型线条，装配式AAC外墙与线条交接处防水效果难以达到传统现浇效果，容易出现渗漏问题。在方案设计阶段，钢结构住宅预制外墙应避开线条节点，设置构造柱（图4）。

2）AAC预制墙在与钢梁竖向、侧面相连接时同样容易出现渗漏问题。工程部门、设计部门、生产厂家联合针对墙体与钢结构主体连接节点进行了专项研究。钢柱外侧采用混凝土填充，并在室外部位设置企口，增加水汽行走路径，提高防渗防水能力；不同

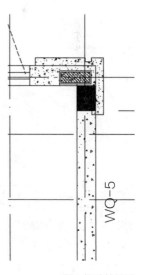

图4 构造柱设置

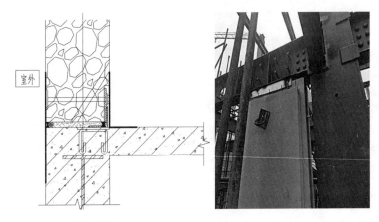

图5 隔墙板与钢结构连接

材料交接处，铺设热镀锌钢丝网片，防止开裂；钢柱室外部位混凝土外侧涂刷1.5mmJS防水涂料，向墙板部位延伸不少于200mm（图5）。

3.2 超重、超长外墙预制构件深化

项目存在超长、超重的预制外墙与剪刀梯，现场施工危险系数高。对此问题，我们将超长的墙体拆分为多个小墙，同时不预制窗上梁，在非承重预制墙体内填充轻质材料可有效地控制构件重量；对于超重剪刀梯，使用轻质混凝土预制（图6、图7）。

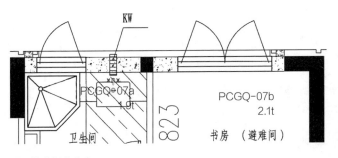

图6 墙体拆分方案

图7 预制外墙构件

数字化

各区域装配式BIM得分实施分析

1 政策综述

2020年7月3日，住房和城乡建设部等部门联合发布《关于推动智能建筑与建筑工业化发展的指导意见》，其中再次指出要求以数字化、智能化大力发展装配式建筑，加大智能建造在工程建设各环节的应用。装配式建筑的发展与BIM技术的运用契合我国智能建造与建筑工业化发展的大方向，代表了建筑行业未来的发展趋势。国内部分地区出台了当地的建筑工程政策，在装配式建筑的BIM技术领域提出了相应的要求。但伴随着各地政策与规范的差异性，实际技术在项目当地应用的深度、流程、成果验收等也均出现了较大差异。根据建筑项目所在地的不同，对应当地政策要求，BIM技术团队需要提前做好准备工作，有针对性地制定BIM实施方案。

在装配式建筑地方政策方面，北京市、重庆市、广东省、江苏省、浙江省、湖南省、安徽省、山西省等地采用的是强制规范要求，其中都明确提出了新建建筑中装配率的占比要求；而上海市、河南省等地则采用经济奖励等举措鼓励装配式建筑的使用。同时各地项目的审查方式也各有不同，BIM审查的要求与比重也有所差别。

2 北京市

2.1 政策要求解读

2.1.1 北京市装配式建筑BIM技术政策简述

北京市目前对于BIM技术应用主要以鼓励为主，但涉及装配式建筑、绿色建筑、国有投资等建设项目，均对BIM技术应用有明确的相关要求。在《高标准商品住宅建设方案评审内容及评分标准》《装配式建筑评价标准》《绿色建筑评价标准》中，BIM技术应用占有较高分值，同时其中有关BIM技术应用的要求较为相近，相比其他得分项，性价比较高，受到各开发企业的广泛关注。

2.1.2 北京市政策集中供地高标准商品住宅建设要求

2021年7月30日，北京市出台高标准商品住宅第一批集中供地的公告，打开了以土地限价为主，通过"竞配建、竞品质"决定土地归属的新模式。当出现开发商报价达到宗地出让限价上限的价格时，将进入高标准商品住宅方案比选流程，通过方案评选最终得分确定最终土地归属。高标准商品住宅方案总分100分，其中第一部分建筑品质权重50%，第二部分规划建筑设计权重50%（表1）。

建筑品质评分表　　表1

建筑品质（总分100分）			
序号	评审项目	标准		分值
1	绿色建筑（总分18分）	全面实施三星级绿色建筑		18分
2	装配式建筑（总分20分）	装配率（13分）	76%≤装配率≤90%	8分
			装配率>90%	13分
		全面实施装配式装修		7分
3	超低能耗建筑（总分20分）	项目实施超低能耗建筑面积达到总面积的30%，且超低能耗面积不低于5万平方米		15分
		项目实施超低能耗建筑面积达到总面积的50%，且超低能耗面积不低于10万平方米或总面积低于5万平方米时，全部实施超低能耗建筑		20分

续表

建筑品质（总分100分）				
序号	评审项目		标准	分值
4	健康建筑（总分6分）		项目实施健康建筑面积达到总面积的30%，且不低于5万平方米；或总面积低于5万平方米时，全部实施健康建筑	6分
5	宜居技术应用（总分16分）	绿色建材应用（6分）	采用通过三星级绿色建材认证的预拌混凝土、预拌砂浆、保温材料、建筑门窗、防水卷材、防水涂料	4分
			住宅小区内道路、园林绿化等公共设施项目建设所用路面砖、植草砖、道路无机料、路缘石等100%使用建筑垃圾再生产品	2分
		外墙保温工程、防水工程承诺质量保修期不小于15年，屋面保温工程、建筑门窗承诺质量保修期不少于8年		3分
		至少1栋采用减震/隔震技术		3分
		可变空间设计		2分
		智能家居应用		2分
6	管理模式（总分20分）	采用工程总承包模式		5分
		采取建筑师负责制		5分
		投保绿色建筑性能责任保险，引入风险防控机制		5分
		全生命期应用BIM技术		5分

（表格来源：《高标准商品住宅建设方案评审内容及评分标准》）

　　第二部分规划建设设计中的得分项，主要是对于项目设计方案的评分比选。在各大设计公司竞争方案中，由于设计方案本身评判标准因人而异，无法仅仅通过客观条件判定。而第一部分建筑品质中的得分项，更多为客观指标，相对把握性更大。开发商需在项目方案册中明确说明将以何种方式达到绿色建筑、健康建筑、装配式建筑（满足装配率）、超低能耗建筑、宜居建筑等要求，同时承诺管理模式中的要求。建筑品质部分虽然得分相对稳定，但选择不同的方案分数将直接影响项目成本。在回顾2021年第一批集中供地高标准方案中，共有7个宗地投报高标准方案，建筑品质部分均承诺满分。第二批集中供地虽然规模已经增大至43块宗地，但开发商出于对宗地位置与建设成本等众多因素的考虑拿地更加慎重。在此背景下，海淀等热门宗地仍然达到地价上限，进入竞报高标准环节。

　　在北京市实行集中供地政策后，对于热门宗地，高标准建设方案已经成为必选项。其中对于装配式建筑方面，要求装配率不得低于60%；管理模式方面，原文要求"全生命期应用BIM技术"，包含规划、勘察、设计、施工、运维五个阶段。将装配式建筑BIM技术应用推上了新的台阶，从自主选择变成了强制要求。但BIM部分评分中仅有对于阶段的要求，并没有明确指定具体的技术内容。这就给解读留下了较大的灵活空间。高标准商品住宅技术方案评审中，专家对于方案中如何实现五个阶段BIM应用的介绍进行主观评估，所以由于随机抽取的专家库专家的不同，项目BIM工作具体实施情况五花八门。

参与高标准住宅项目的开发商，普遍存在对项目实施的技术标准与审查流程不清晰、不明确等各类情况。2021年12月，北京市住房和城乡建设委发布《关于规范高品质商品住宅项目建设管理的通知》，对于高标准项目进行了补充说明。其中关于BIM方面的阐述要求为"应采用BIM正向设计"。技术标准依照国标与北京市地标现行标准，并落实《工程建设项目全生命周期BIM技术应用实施意见》相关要求。BIM管理方面，要求建设单位牵头组织各方在规划、勘察、设计、施工、运维各阶段开展BIM应用，并且做好各阶段模型交付及应用。交付到购房者时，应包含隐蔽工程建设数据信息的可视化模型文件。建设单位也可将施工单位交付的可视化模型文件提供给物业单位，或者通过合同约定施工单位交付给物业单位。鼓励建设单位申报北京市建筑信息模型应用示范工程。

2.1.3 北京市装配式地标评分对BIM技术应用的要求

自2017年起，北京市相关政策规定，涉及政府投资、保障性住房，城六区与通州区5万平方米以上、其他区域5万平方米以上的住宅均必须采用装配式建筑。政策的明确要求促使北京市内装配式建筑项目大量开展。装配式建筑得分所依据的最新标准《装配式建筑评价标准》DB11/T 1831—2021，已经于2021年7月正式更新实施。标准中得分项除规定预制构件占项目比例的装配率得分外，同样规定项目中采用了BIM信息化技术，可获得附加分3分。相比于其他得分项，新增内容动辄引起的数以百万的成本增加，引进采用BIM技术对于项目成本的影响相对较低，已逐渐成为装配式建筑得分评审中的必要选择。在《装配式建筑评价标准》DB11/T 1831—2021中，对于BIM在设计阶段、生产阶段、施工阶段的工作有以下解释说明：

1）项目建设相关方可通过信息化工作平台实现协同工作与模型共享；

2）设计阶段能够提供全专业BIM信息化模型；

3）基于BIM模型可进行三维碰撞检查与问题处理；

4）部品、部件生产深化图纸由BIM模型生成；

5）预制构件BIM模型信息可直接导入工厂生产系统并直接用于生产；

6）采用BIM模型进行施工模拟与施工组织；

7）基于BIM模型可进行工程量与物料清单统计；

8）基于BIM与物联网技术可实现装配式建筑的质量追溯要求；

9）竣工交付的BIM模型可应用于运维阶段。

以上标准原文中所涵盖的BIM技术应用点可简单概况为：建立项目级信息化平台；构建全专业模型；开展碰撞检查；部品、部件模型出图；预制构件BIM信息导入生产平台，构件信息可追溯；施工模拟动画、BIM工程量计算、完善竣工模型。

通过以上内容不难看出，北京市"竞品质"集中供地与同年实施的装配式建筑"新规"，在BIM管理的工作思路上不谋而合。设计、生产、施工阶段基本一致，规划阶段也可以通过信息数据平台等应用内容所覆盖。所以可以认定，除正向设计外，依照《装配式建筑评价标准》DB11/T 1831—2021中BIM内容，即可覆盖"竞品质"中BIM管理要求。

2.1.4 北京市绿色建筑地标评分对BIM技术应用要求

北京市颁布的《绿色建筑评价标准》DB11/T 825—2021中，BIM技术应用评价总分值从原2分升至15分。该标准第9.2.6条规定，"应用建筑信息模型（BIM）技术，评价总分值为15分。在建筑的规划设计、施工建造和运行维护阶段中的一个阶段应用，得5分；两个阶段应用，得10分；三个阶段应用，得15分。"分值的提升与应用范围的加大提高了绿色建筑中BIM技术应用的重要性。

在标准的条文说明中对于BIM评价的得分要点进行了清晰的解释。

文中明确了建筑的规划设计、施工建造、运行维护等阶段应用BIM的工作重点内容。其中，规划设计阶段主要包括：①投资策划与规划，②设计模型建立，③分析与优化，④设计成果审核；施工建造阶段主要包括：①BIM施工模型建立，②细化设计，③专业协调，④成本管理与控制，⑤施工过程管理，⑥质量安全监控，⑦地下工程风险管控，⑧交付竣工模型；运行维护阶段主要包括：①运营维护模型建立，②运营维护管理，③设备设施运行监控，④应急管理。评价时，规划设计阶段和运营维护阶段BIM分别应至少涉及2项重点内容应用，施工阶段BIM应至少涉及3项重点内容应用，方可得分。当在两个及以上阶段应用BIM时，应基于同一BIM模型开展，否则不认为在多个阶段应用了BIM技术。

2.2 北京市装配式建筑BIM实施与应用

2.2.1 北京市政策集中供地高标准商品住宅建设方案

（1）技术难点

从现阶段北京市集中供地情况来看，想要拿到热门宗地离不开高标准方案，"BIM+装配式"的建筑管理模式势在必行。但将现阶段房地产行业情况与高标准方案结合，存在较多的问题需要攻克。

1）正向设计

主流的BIM模型的工作模式包含设计图纸翻模与正向设计两种。目前高标准方案中明确要求采用正向设计，而在实际项目中难以实施。制约的核心原因主要是时间因素和成本因素。截至2021年底，所有第一批集中供地高标准方案宗地已经全部获得施工许可证，估算项目平均设计周期仅为两个月。在房地产行业的严峻形势下，高标准方案力求严格控制成本，同样也就限制了设计环节支出。设计院在高强度工作压力下，现有条件正向设计竞争力不足。这可以简单概况为：工程日益精简的建设周期、日益提升的实施标准、日益复杂的审批流程都与精细化设计的必备条件背道而驰。

2）规划、勘察阶段与工作流程的冲突

管理模式中要求BIM技术应用于全生命期的五个阶段。但在高标准方案评选过后的实际项目推进过程中，开发商明确得知宗地中标通知后，规划阶段工作周期已经过去。之后在启动设计招标等相应工作后，再到确定BIM专项的任务，基本已经来到设计阶段。事实上规划与勘察阶段已经度过，为应付相关审查工作需后补充应用内容，已经失去了实际意义。在2021年9月第二批集中供地中评分调整中，原全生命期五个阶段去掉了"勘察"，但工作流程上没有发生本质改变。

（2）操作方案

管理模式中BIM专项要求存在部分要求不明确的情况。首先，在全生命期各阶段BIM管理中，具体每阶段应用内容未确定，这造成在具体项目过程中存在有较大的不确定性。导致在极端情况下，某些实施方仅以满足高标准技术方案评审会要求为最终目标。其次，在设计施工图阶段、施工阶段、竣工阶段缺少专项审查与验收措施，也缺少相应工程成果的接收单位。在相关补充说明中，主要提出对于业主建立"一户一档"的可视化模型，方便审查户内隐蔽工程内容。BIM竣工模型在运维环节的应用同样并未明确要求。参考现有条件内容，项目若获得北京市建筑信息模型（BIM）应用示范工程奖项，将对于项目BIM方面评定起有利作用。现阶段实施方案将采取满足高标准全流程BIM管理模式要求，同时以优化设计、指导现场、成本可控的技术措施实施。

2.2.2 北京市装配式地标评分BIM技术应用方案

（1）技术难点

1）预制构件详图工作流程与标准要求冲突，重复工作产生无效成本

在《装配式建筑评价标准》DB11/T 1831—2021中，部分指定内容与现状工作不符合。例如，"部品部件生产深化图纸由BIM模型生成"，BIM预制构件模型的确具有生成图纸的功能，标准中提倡通过正向设计进行三维预制构件拆分，预制构件模型生成详图。但在实际项目中，通过三维模型设计生成图纸时间成本较高，市场上BIM装配式预制构件深化软件，部分内置技术规范存在缺陷，与实

际图纸深化差别较大，与建筑行业内提速降本的原则冲突。故目前通过二维图纸进行预制构件设计依然是行业主流。而为满足标准中对于BIM出图的审查，通常情况下是以完成后的预制构件深化图，反向构建BIM模型，与图纸进行校核，再通过模型重新完成出图，开展应用。

2）部分预制构件生产厂家工作较为原始，选择供应商时应根据项目要求甄别

通过调研主流预制构件厂，深入了解工厂生产预制构件的实际工作流程与相应的管理措施。大多数预制构件厂已经使用自主研发或者定制化的构件生产管理系统，可以通过二维码进行构件生产流程管理。但BIM模型的实际使用率仍然较低，模具制作以及生产过程中依然需要人工参与，模型利用率很低。同时不同预制构件厂所采用的管理系统也各有不同，导致设计阶段数据与生产管理平台的数据格式接口不一致，这也加大了预制构件信息导入生产的难度。

（2）操作方案

自2021年7月《装配式建筑评价标准》DB11/T 1831—2021正式实施起，金茂建筑科技BIM实施团队参与并总结了各装配式项目得分评审与检查情况，随后深入了解了新版标准中对于BIM专业审查的节点与针对要素，最终编制了对应能完整解决的技术实施方案。该方案基本满足标准中对BIM技术应用的9项内容。但相对于实际项目来说，所付出的成本较大，而取得的收益有限，实际实施普及率较低。出现这类情况的原因主要有：依照标准实施项目相比于以前项目建设成本增加；现状的项目建设流程与标准内容存在差异；装配式评分后期验收检查主要通过提交文本报告形式评审。这也促使了开发商在全流程采用BIM管理方面比较保守。

基于这样的现状，我们通过丰富的实施经验总结出了一套基本的实施标准，可以作为项目实施的基本应用准则，再根据项目的实际情况进行增补。其中需要重点提出的是，在工作条件方面，在收集全套施工图纸的基础上要注重关注典型楼栋建筑平面图、装配式预制构件拆分图。在模型深度方面，要注重考虑典型楼栋BIM模型建筑结构专业制作完整，模型中可添加示意机电管道、家具等。标准层预制构件应根据拆分图绘制，体现预制构件造型、材质、名称等信息。

2.2.3 北京市绿色建筑评分BIM技术应用方案

在北京市BIM相关政策中，《绿色建筑评价标准》DB11/T 825—2021要求相对宽泛，并未指定某些实施内容作为必要考察指标。所以，满足《高标准商品住宅建设方案评审内容及评分标准》或者《装配式建筑评价标准》DB11/T 1831—2021均可以满足此类得分需求。BIM成果的检查验收环节是以提交BIM实施技术报告进行的。《绿色建筑评价标准》DB11/T 825—2021的颁布将对BIM技术的应用产生深远的影响，同时使得绿色建筑实现的技术手段更加全面和高效。

3 重庆市

3.1 政策要求解读

3.1.1 重庆市装配式建筑BIM技术政策简述

2025年重庆所有工程项目将采用数字化建造模式，如今全市范围拓展"智慧工地"实施应用并开展分级评价。

重庆市住房城乡建委出台的《关于推进智能建造的实施意见》要求，以工程项目建设各环节数字化为基础，以大力发展建筑工业化为载体，以大数据智能化技术在工程建造全过程应用为抓手，形成涵盖设计、生产、施工、验收、运营等全产业链融合一体的智能建造产业体系，促进建筑业数字化转型。

到2025年，全市工程项目全面采用数字化建造模式，建筑业企业全面实现数字化转型，培育一批智能建造龙头企业。

3.1.2 重庆市建筑设计施工图外审BIM要求

外审要求参考《重庆市建筑工程施工图设计文件技术审查要点（2019年版）》

中"第十四章建筑信息模型审查要点"中对于BIM的工作要求。其中要求成果应包含设计说明书和模型文件两部分，审查内容分别见设计说明书审查表和信息模型审查表。

在施工图外审环节审查中，主要对于设计说明书中是否添加BIM相关模型制作原则、信息协同平台，BIM模型建筑、结构、给水排水、暖通、电气各专业模型完整性进行要求。

模型应用方面在文中并未有明确指出具体应用工作项。项目配合流程与常规BIM咨询内容相仿，其中内容包括模型绘制、管线综合、施工模拟等内容，工作内容与深度相对较为常规。

3.2 重庆市装配式建筑BIM实施与应用

模型制作深度需遵循《重庆市建筑工程施工图设计文件技术审查要点（2019年版）》中要求，外审过程中将对模型制作内容与表达精度进行评估。模型自检环节应根据表2进行审查。

模型精度检查表   表2

模型完整性	①BIM模型应包含所有需要的建筑构件； ②BIM模型必须包含所有定义的楼层； ③每层的建筑构件应分别定义
建模规范	①建筑构件应使用正确的对象创建； ②建筑构件类型应符合约定； ③模型中没有多余的构件； ④模型中没有重叠或重复的构件； ⑤构件是否与建筑楼层关联； ⑥模型及构件应包含必要的属性信息、编码信息； ⑦模型及构件的分类、命名符合规范要求
设计指标	①柱和梁的连接； ②结构中应包括为机电预留的开洞
模型协调性	①对象之间无显著冲突； ②建筑和结构专业模型的结构不能有碰撞冲突； ③开洞与建筑和结构构件不能有冲突

BIM工作成果审查通常是通过设计院提供的包括BIM模型、报告文本以及设计说明中是否编写BIM相关内容进行评定。

BIM模型主要审查模型完整性、图纸与模型匹配程度以及模型中预制构件表达情况等；报告文本中应介绍项目BIM实施的工作内容、完成情况、相关成果展示等情况；设计说明中对于BIM部分工作标准进行简述即可。外审环节暂无图模一致性的检查内容。

4 青岛市

山东青岛市装配式评价依据《装配式建筑评价标准》DB37/T 5127—2018，对BIM技术实施有要求的是"第七节 标准化设计和信息化技术"。在设计阶段，利用BIM技术完成以下内容时，信息化技术评价项评价分值为2分。①构建完成各专业BIM信息整体模型，包括建筑、结构、给水排水、暖通、电气等；②经碰撞检测并优化，构建符合生产和施工要求的预制构件（或部品部件）三维模型，模型中应包含钢筋（钢构件）、埋件、机电预埋、预留孔洞等完整设计信息；提供预制构件深化设计图纸。所以在设计阶段完成全专业模型制作与碰撞检查优化工作，即可满足得分要求。

在评价标准中，"第八节评价等级划分"里要求：在生产制作阶段，生产单位应采用现代化的信息管理系统，并建立统一的编码规则和标识系统。或者在设计单位提供的预制构件BIM信息模型基础上进一步深化，并添加生产加工所需的其他必要信息，二者选一。在施工阶段，根据施工方案的文件和资料，在技术、管理等方面定义施工过程附加信息并添加到施工图设计BIM模型中，构建施工过程演示模型。项目实施要求与北京市相关标准类似，生产阶段注重于预制构件的数据添加；施工阶段重点在于工程管理。

5 湖州市

　　湖州市装配式建筑要求是依据浙江省工程建设标准《装配式建筑评价标准》DB33/T 1165—2019。其中在"第五节评价"中指出，"评价单元满足下列要求时可确定为装配式建筑：①主体结构部分的评价分值不低于20分；②围护墙和内隔墙部分的评价分值不低于10分；③实施全装修；④应用建筑信息模型（BIM）技术；⑤体现标准化设计；⑥公共建筑的装配率不低于60%，居住建筑的装配率不低于50%。"

　　评价要求：宜建立设计BIM模型、构件制作BIM模型和施工阶段的BIM模型，并实现一个模型下信息传递。

　　工作启动节点与条件：专家评审会之前，装配式设计团队出拆分图前后。

　　模型深度：项目重点楼栋单体全专业模型，精度达到施工图预制构件深化深度。

6 合肥市

　　合肥市装配式建筑评分是依据《装配式建筑评价技术规范》DB34/T 3830—2021施行。其中鼓励项得分，BIM技术与信息化管理应用为1~2分。在条文说明中，要求BIM在设计阶段和施工阶段应用满足《安徽省建筑信息模型（BIM）技术应用指南》中的技术要求。在两个阶段中BIM技术应用点不少于15个，可得2分；单个阶段应用BIM技术不少于10个，可得1分；否则不得分。

　　在《安徽省建筑信息模型（BIM）技术应用指南》中，设计阶段应用点共计21项，施工阶段应用点共计17项。

　　项目前期包括主要经济指标分析、场地分析、方案论证、可视化展示、数据准备。

　　设计阶段包括，方案设计：主要经济指标分析、可视化展示、建筑性能分析、建筑方案模型；初步设计：主要技术经济指标分析、初步设计模型、建筑性能分析、可视化展示、概算工程量；施工图设计：主要技术经济指标分析、施工图设计模型、工程量统计、建筑性能分析、结构分析、空间检查、节点设计、碰撞检测、管线综合、可视化展示、二维制图表达、三维模型交付。

施工阶段包括，施工准备：施工平面布置模拟、施工进度模拟、重点施工方案模拟；施工实施：施工技术管理—图纸会审、施工技术管理—设计变更、施工技术管理—作业指导书、施工技术管理—施工测量、施工进度管理、施工质量管理、施工安全管理、设备与材料管理、施工成本管理、构件预制加工；施工验收：模型数据/信息管理、竣工工程量统计、竣工模型交付。

业主需要根据项目实际情况对前期、设计、施工阶段的BIM工作内容进行规划，选取适合项目实际落地的各阶段应用点，在满足得分要求的同时，达到项目提质增效的目的。

启动节点与条件：首先经过专家预审，预审通过后，正式提交本册材料。

工作深度：项目重点楼栋单体全专业模型，精度达到施工图预制构件深化深度，预制构件生成明细表，在专家会中现场演示。重点楼栋出标准层模型，要求该标准层有详细的预制构件（叠合板、预制非承重围护墙、预制剪力墙、预制内墙、预制空调板和预制凸窗，在空调板和凸窗部分展示钢筋）。同时楼栋要求首层按照图纸建模，并符合细节审查要求（要求预制构件和预制构件之间留20mm缝隙，空调板、凸窗等要求有钢筋、预制墙体内叶板要低于外叶板130mm等）。

J·MAKER数字建筑AI平台应用介绍

1 产品背景

　　近年来，我国建筑业转型升级已有显著进展，但数字化程度较低的问题依然严峻。建筑业从快速增长期走向高质量可持续发展期可谓是大势所趋。而推动建筑业可持续高质量发展，数字化转型是必由之路。

　　金茂慧创建筑科技（北京）有限公司（简称金茂建筑科技）深知建筑行业动向及未来发展趋势，一心响应习近平总书记"充分发挥海量数据和丰富应用场景优势，促进数字技术和实体经济深度融合，赋能传统行业转型升级，催生新产业新业态新模式，不断做强做大我国数字经济"的伟大号召，着眼于装配式建筑领域，探索打造适宜的数字化技术手段及技术体系，以推进建筑领域数字产业发展。

　　装配式建筑是未来建筑行业转型与碳中和目标的重要组成部分，数字建筑是未来建设数字城市和建筑企业转型的重要抓手。金茂建筑科技定位装配式产业链智慧科技服务商，以数字化发展为引领，以数字建筑为方向，搭建J·MAKER数字建筑AI平台，打造装配式产业全生命周期数字化管理生态，引领装配式建筑产业数字化潮流。

　　J·MAKER数字建筑AI平台以中国金茂的建筑大数据为养分，以数据的"存储、整理和分类"为大脑，以项目咨询服务为脉络，以决策辅助、AI设计、智能生产、智慧建造、云维增值五大体系为核心，建立J·MAKER智慧研究院，基于BIM、AI和IoT技术，进行审图机器人、标准化研究、施工图审查、BIM正向设计、图档管理等方面的研究，打造AI设计牵头的EPC管理模式，实现数据共享和多方协同，合理配置资源。

J·MAKER数字建筑AI平台应用覆盖建筑全生命期（规划、设计、生产、施工、运维），聚焦《装配式建筑评价标准》DB11/T 1831—2021《高标准商品住宅建设方案评选内容和评分标准》等国家/地方标准中对于装配式技术及BIM技术的使用要求，助力项目的提质增效。

2 核心功能

J·MAKER数字建筑AI平台，时刻牢记"加强关键核心技术攻关，要牵住数字关键核心技术自主创新这个'牛鼻子'"的道理。作为装配式建筑全过程一体化管理的核心纽带，它不同于市面上以往的项目级管理平台，不仅仅立足于流程管理，更多的是在不断雕琢优化平台架构的同时，注重深挖技术细节，聚焦行业内的痛点、难点，打造极具针对性的应用功能。其中最为核心的应用功能就是装配率得分计算功能。

2.1 行业痛点分析

众所周知，装配式技术方案本身属地化特征明显。装配率得分对于不同的省市均有当地的计算规则和得分选项，全国不同城市的气候环境不同、厂家分布特点不一、抗震等级不同等，装配式建筑的实施会有不同的特点，装配率得分项的优先选择也会因地制宜。

装配率的取分策划需要由专业的团队进行，熟悉当地的装配率优选、主流方案，充分了解政府的装配式政策要求，并且应基于项目特点提供不同方案进行对比和成本测算。建设团队在拿地策划、项目推进前期，可能存在缺乏团队配合、无过往案例参考的情况，无法准确考虑实施装配式建筑对项目的成本、周期、装修的影响，尤其在集中供地的情况下，难以在非常短的时间内针对不同的单体特点去策划合理的装配率方案，以支持项目拿地、推进过程中的决策。

因此装配率得分计算功能的出现，能快速、合理给出装配率得分方案，并完成成本测算对比，很好地解决了这个痛点需求。

2.2 装配率得分计算功能

开发商管理人员和设计院工程师，都可以通过平台快速得出满足设计要求的得分方案。平台的装配率得分计算功能，以资深装配式专家的经验模型为原型，及近百个项目的历史数据为基础，重新制定了模拟人工计算的规则，结合计算机的算力，快速实现装配式设计方案分数/成本的自动计算，并进行多种计算方案的输出。同时根据不断的数据累积，实现自我学习、自我提升。该功能主要面向开发商、设计院及相关企业在项目前期对技术方案进行快速评估论证，高效、准确地演算项目符合本地化要求的装配式得分方案及相应成本（图1）。

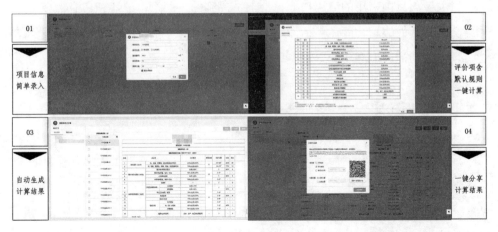

图1 装配率得分计算功能演示图

3 案例分享

以北京市朝阳区某项目为例，该项目为居住建筑，采用装配式技术进行建造。该项目全程引入J·MAKER数字建筑AI平台协助项目管理，一方面为满足北京市地方标准《装配式建筑评价标准》DB11/T 1831—2021中对BIM技术的技术要求，另一方面是希望借助J·MAKER数字建筑AI平台，解决项目在高速运转下的进度质量管控难度大这一痛点问题，真正意义上实现对项目全生命期的数字化管理。

目前装配式建筑在技术支撑、产品配套、专业人员配置、管理模式转型等方面尚未完全成熟，因此对建设单位的开发过程造成了一定的影响，管控难度加大，风险项增多。

装配式的设计完善性、精细度和各设计单位之间的信息交圈决定了设计质量，而施工过程中，针对装配式专项应有深入合理的施工组织设计和部品采购计划，尤其在项目高速运转的背景下，装配式建筑作为新型建造方式，影响进度、质量、成本的因素增多，需要进行统筹的梳理和信息化的介入，才能提升管控效率，达到降本增效保质的目的。而J·MAKER数字建筑AI平台很好地起到了应有的作用，有效地解决了这个痛点问题。

目前该项目中采用的应用功能包括上文提到的装配率得分计算功能，在此就不再赘述，其他应用功能还包括计划管理功能、设计成果查看功能、问题报告功能、全生命期构件追溯功能等，应用效果显著。

3.1 计划管理功能

该功能的应用由开发商管理人员主导，设计师、生产施工工程师等项目人员全程参与，基于平台进行项目进度管控，完成项目成果提交与审批。区别于以往复杂的计划管理，平台真正实现了一键导入项目计划，在覆盖项目全生命期管理的同时，多形态、多维度地呈现了项目进度，实现了项目进度质量的合理管控（图2）。

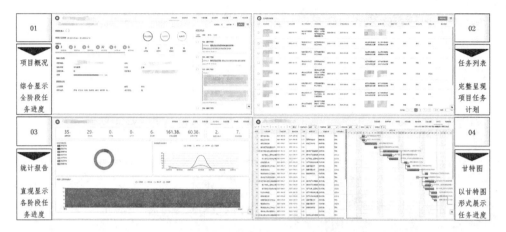

图2 计划管理功能演示图

3.2 设计成果查看功能

该功能的应用基于平台集成的高性能轻量化引擎,包括CAD图纸、RVT模型、PDF文件在内的多种格式设计成果均可实现在线查阅、测量、漫游,并可针对图纸或模型中的问题进行在线圈注,发送给指定的项目参与人员查阅解决(图3)。

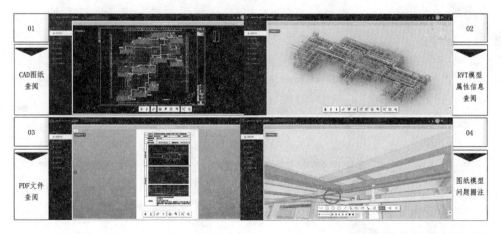

图3 设计成果查看功能演示图

3.3 问题报告功能

该功能的应用可汇总在线圈注的图纸、模型问题，快速生成问题报告，为项目参与人员快速定位以解决问题提供准确依据，同时问题报告作为项目质量控制过程记录文件，可直接填写回复意见，推动项目质量提升（图4）。

图4 问题报告
功能演示图

3.4 全生命期构件追溯功能

该功能的应用基于BIM与IoT技术，实现了装配式建筑的质量追溯要求，支持将预制构件信息制作成二维码或直接获得工厂生产系统生成的二维码，通过平台的网页端或移动端可添加生产施工阶段状态信息，同时可实时查看具体构件参数、生产施工阶段状态等预制构件全生命期的完整信息（图5）。

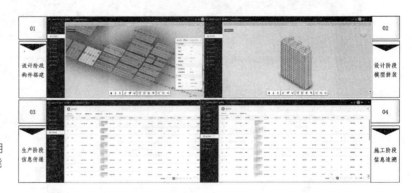

图5 全生命期
构件追溯功能
演示图

建筑数字化未来应用展望

随着全球数字化时代的来临，各大行业的数字化转型均在如火如荼地进行。很多行业依靠自身的先进理念及技术优势在这一过程中进展迅速并已取得一定成效，在此发展环境下，建筑行业的数字化转型就显得格外落后。金茂慧创建筑科技（北京）有限公司作为建筑数字化咨询服务商，一直心系建筑行业未来发展，致力于推动建筑行业全产业链向数字化转型，本章节从设计咨询行业数字化转型瓶颈和建筑可视化应用两方面进行探讨。

1 数字化转型瓶颈

1.1 业务数字化

BIM技术已经成为设计行业数字化转型的风向标和敲门砖。越来越多的设计企业开始布局和发展BIM技术，但多数企业仍处于较浅的示范应用阶段，只有少部分企业正处于BIM正向设计转型阶段，通过搭建公共数据环境，实现数据协同，最终实现设计阶段的数字化交付。

但通过金茂建筑科技这些年在试点项目中的摸索反馈，BIM正向设计的人才、标准都极度缺乏，正向设计项目的投资产出比偏低，同时BIM设计三维成果的应用场景和应用价值还无法最大化发挥出来，这需要整个设计行业和建筑产业链条中的所有参与者一同挖掘，提升设计咨询企业数字化服务能力及产品价值。

1.2 管理数字化

与互联网企业相比，设计咨询企业的数字化管理水平还有明显差距，多数企业数字化能力较差。通过应用OA系统，加强企业内部管理优化，促进企业组织运行效率提升，是大势所趋，并且迫在眉睫。

建筑设计由于处于红海市场，近两年房地产等固定开发投资趋缓，市场竞争激烈，因此建筑设计咨询类企业更注重强调全方位的运行效率提升，企业对于数字化管理体系的建设更加均衡化，期待能够有一个全面综合的系统接管企业经营管理的大部分甚至全部工作。但现实的情况是，因为没有一款真正能够覆盖较为全面的数字化管理系统，所以多数企业会根据不同模块采用不同的数字化管理软件，比如财务系统、人力系统、项目管理系统。这些系统之间很多时候并非属于同一个供应商，因此系统之间的数据难以流转，缺乏各业务部门之间的信息传递与联动，很难汇总出统一的运营数据平台，容易形成数据孤岛，导致企业数字化转型困难重重。所以，设计咨询企业在数字化转型过程中更加需要全面并且高质量的顶层设计。

2 建筑可视化应用

2.1 建筑元宇宙探索

建筑作为元宇宙中的基本元素，是对现实世界的模拟复制，是虚拟世界中的基本场景要素。本节围绕BIM技术的可视化特点，对VR、AR等新技术进行调查研究，并对拓展未来数字化新业务方向及实施路径提出设想。

2.1.1 新技术调研范围

本次调研从BIM技术可视化特点、新技术名称及含义、项目全生命期应用场景（含软件、硬件）等方面进行调研。

针对上述内容，进行如下名词解释。

（1）BIM技术的可视化特点

可视化即"所见所得"，BIM技术提供了可视化的思路，将以往的线条式的构件形成一种三维的立体实物图形展示在人们的面前；建筑行业也有设计方面的效果图，但是这种效果图不含有除构件的大小、位置和颜色以外的其他信息，缺少不同构件之间的互动性和反馈性。而BIM技术提到的可视化是一种能够同构件之间形成互动性和反馈性的可视化，由于整个过程都是可视化的，可视化的结果不仅可以用效果图展示及报表生成，更重要的是，项目设计、建造、运营过程中的沟通、讨论、决策都在可视化的状态下进行。

（2）VR

VR（Virtual Reality）虚拟现实，是利用设备模拟产生一个虚拟世界，提供用户关于视觉、听觉等感官的模拟，有十足的"沉浸感"与"临场感"。

（3）AR

AR（Augmented Reality）增强现实，是一种将真实世界信息和虚拟世界信息"无缝"集成的新技术，它把原本在现实世界的一定时间、空间范围内很难体验到的实体信息（视觉、听觉、嗅觉、味觉、触觉等），通过电脑等科学技术，模拟仿真后再叠加，将虚拟的信息应用到真实世界，被人类感官所感知，从而达到超越现实的感官体验。真实的环境和虚拟的物体实时地叠加到了同一个画面或空间同时存在。

（4）倾斜摄影

倾斜摄影技术是通过从一个垂直、四个倾斜等五个不同的视角同步采集影像，获取到丰富的建筑物顶面及侧视的高分辨率纹理。它不仅能够真实地反映地物情况、高精度地获取物方纹理信息，还可通过先进的定位、融合、建模等技术，生成真实的三维城市模型。

（5）项目全生命期应用

在本次调研过程中，将项目全生命期划分为规划勘察阶段、设计阶段、施工阶段、运维阶段四个阶段。

2.1.2 应用场景

本节梳理了项目全生命期BIM技术可视化应用场景的所处阶段、场景内容、相关技术及推荐程度（表1）。

项目全生命期BIM技术可视化应用场景明细表   表1

项目阶段	应用场景	相关技术	推荐程度
规划勘察阶段	通过无人机航拍，对项目周边场地环境模型进行快速建立	倾斜摄影VR	★
设计阶段	通过建立BIM模型、结合VR等技术进行协同设计	VR	★
设计阶段	通过建立BIM模型、结合VR等技术进行样板间展示	VR	★★★★
设计阶段	通过建立BIM模型、结合VR等技术进行电子沙盘展示	VR	★★★★
施工阶段	通过建立BIM模型、结合VR等技术进行现场施工交底	VR	★★
施工阶段	通过建立BIM模型、结合VR等技术进行施工安全体验	VR	★★
施工阶段	通过建立BIM模型、结合AR等技术进行现场验收	AR	★★★
施工阶段	通过建立BIM模型、结合VR、裸眼3D等技术进行5D模拟	VR 裸眼3D	★★★
运维阶段	通过建立BIM模型、结合AR等技术进行可视化运维	AR	★
其他	通过建立BIM模型、结合VR等技术进行教育宣传等工作	VR	★

2.1.3 实施过程

针对上述应用场景，VR等技术推广可分为三大步骤。

（1）结合项目需求，开展技术尝试

在决定应用新技术初期，要充分结合项目的具体需求，选定相应的应用场景，以积累技术经验、提升技术能力、锻炼技术队伍为目标，运用现有资源尝试完成项目实施工作，如运用Enscape软件制作VR装修全景图、运用Lumion软件制作VR大场景渲染图、运用Fuzor软件制作VR交互动画等。

（2）进行建模及渲染软件的二次开发、平台的开发工作

在2.1.2小节应用场景中，为增加模型利用率，所有场景解决方案几乎都是应用BIM建模软件构建项目基础模型，再以例如UE4/5等渲染引擎进行模型再加工及交互使用。如直接以渲染引擎进行模型构建，则需额外配备专业建模人员。

在本阶段，结合在上一阶段积累总结的技术经验，针对选用的BIM建模软件进行二次开发，实现模型可导入至渲染引擎中，并可进行如材质等的修改工作（若直接基于渲染引擎进行建模，则无需此步工作），以此实现规范实施方法、提高实施效率、提升实施效果的目标。在完成此项工作后，应基于渲染引擎搭建系统/平台，实现第一批应用场景（结合VR技术，进行样板间与电子沙盘的展示）。

（3）对已开发平台进行更新及迭代工作

在业务量稳定且已完成工具/系统/平台开发后，根据实际业务进行已完成产品的更新及迭代工作，保证第二批应用场景（第一批场景的深层应用、智慧工地相关业务的应用及其他应用）顺利衔接迭代。

北京市门头沟区某项目BIM应用复盘

1 项目概况

1.1 BIM技术应用范围

本项目的BIM技术应用范围共包括两个地块，均为R2二类居住用地。其中，1号地块共有建筑单体4栋，地下车库2层；2号地块共有建筑单体7栋，地下车库2层（图1）。

图1 人视效果图

1.2 BIM技术应用点

在建设单位完成项目拿地后，BIM技术团队接受委托，第一时间对照北京市《装配式建筑评价标准》DB11/T 1830—2021、建筑方案专家评审会、装配式建筑专家评审会、绿建专家评审会等行业要求，对该项目进行了有针对性的梳理和研究，并制定了相应的BIM应用点。最终的BIM技术方案不但满足了上述行业标准，还从提质增效的角度为建设单位提供了关键技术问题的解决措施，具体的BIM技术方案内容见表1。

项目BIM技术应用点汇总表 表1

编号	阶段	名称	说明
1	方案阶段	编写BIM实施标准	配合建设单位完成项目全生命期BIM实施标准创建工作，根据项目实际情况主导编写完成
2		构建土建专业BIM模型	包括建筑、结构专业中的基础、墙、梁、板、柱等相关模型的构建
3		构建机电专业BIM模型	包括暖通、给水排水、电气专业中的风管管路、水管管线、电缆桥架等相关模型的构建
4		构建精装专业BIM模型	根据精装深度要求，包括顶棚造型、顶棚布置点位、墙饰面、地饰面等相关模型的构建
5	设计阶段	基于BIM技术的方案比选	通过对不同方案BIM模型的构建，并对方案进行相关分析，使建设单位直观了解各方案的优点和不足
6		基于BIM技术的图纸审核	构建BIM模型过程中，发现平面图纸中存在的错、漏、碰、缺等问题，形成图纸校核报告发设计院进行图纸整改
7		基于BIM技术的机电碰撞检查	通过构建BIM模型，对车库及户内机电管线进行碰撞检查，发现管线复杂点位，为后期管线综合工作提供方向
8		基于BIM技术的机电管线优化	通过对已构建的各专业BIM模型进行管线优化，在满足建设单位净高要求的同时，辅助设计院确认最佳管线路由，减小施工难度，控制材料用量
9		基于BIM技术的装配式深化设计	通过BIM技术对装配式构件进行深化设计，提高设计精度的同时，缩短设计周期
10		基于BIM技术的成本管理	通过BIM模型生成工程量明细表，辅助建设单位对项目工程量进行管理
11	生产阶段	基于BIM技术的构件生产	通过将预制构件BIM模型信息导入工厂生产系统，辅助生产单位进行构件生产工作
12	施工阶段	建设单位BIM咨询及总包BIM管理	辅助建设单位对施工总包单位的BIM实施工作进行管理
13	运维阶段	交付竣工模型	对BIM模型进行编码、归档、轻量化处理，并移交建设单位，为建设单位后期拆、改、维修提供依据

2 BIM应用亮点

2.1 基于BIM技术的方案比选

本项目2号地块车库范围在项目初期存在两种具有实施可行性的结构方案，即密肋梁板结构方案与框架梁板结构方案。通过对这两种结构方案进行对比，我们发现，密肋梁板结构形式复杂，梁下净高较高但梁窝较小，管线是否可以利用梁窝空间进行翻弯，无法通过平面图纸得出直观结论；框架梁板结构形式较为普遍，梁窝较大，管线可利用梁窝进行翻弯，但框架梁整体尺寸较大，影响梁下整体净高。故两种结构形式下，哪种净高更高，成为最终选定结构方案的关键因素之一（表2）。

结构方案主要参数对比表　　　　　　　　　　　　　表2

对比项目	方案名称	
	密肋梁板结构方案	框架梁板结构方案
梁顶标高	两种结构形式梁顶标高统一	
标准梁高	600mm	900mm
梁间距	800mm	7000mm以上
梁窝内高度	300mm	550mm
是否存在柱帽	存在800mm高柱帽	不存在

BIM技术团队根据两种不同结构方案分别进行结构模型构建工作，并针对两种不同结构形式分别进行管线优化工作。依据管线优化结果，我们发现，采用密肋梁板结构形式，存在梁窝过小、无法提供管线翻弯所需空间的问题；采用框架梁板结构形式，梁下净高虽低，但车库大平面梁底标高统一，管线无需翻弯绕梁，在可降低机电管线施工难度的同时，保证管线优化后整体净高高于密肋梁板结构形式。这一结论为建设单位的最终决策提供了可靠依据（图2、图3）。

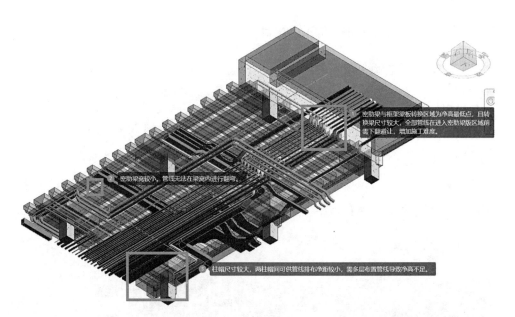

密肋梁与框架梁板转换区域为净高最低点，且转换梁尺寸较大，全部管线在进入密肋梁板区域前需下翻避让，增加施工难度。

密肋梁窝较小，管线无法在梁窝内进行翻弯。

柱帽尺寸较大，两柱帽间可供管线排布净距较小，需多层布置管线导致净高不足。

图2　密肋梁板管线优化排布图

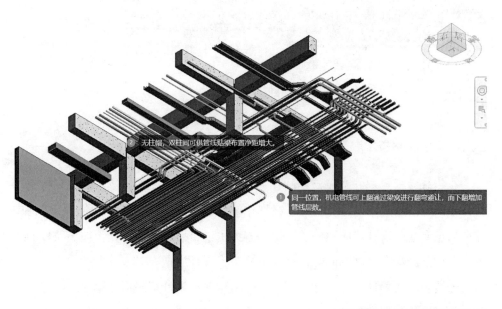

无柱帽，双柱间可供管线贴梁布置净距增大。

同一位置，机电管线可上翻通过梁窝进行翻弯避让，而下翻增加管线层数。

图3　框架梁板管线优化排布图

2.2 基于BIM技术的装配式深化设计

2.2.1 构建装配式专业BIM模型

本项目BIM技术团队在装配式技术团队进行装配式构件深化设计时，同步对BIM模型进行构建。通过对BIM模型的构建，准确反映了叠合板、预制楼梯、预制外墙、预制内墙等预制构件在主体结构中的定位关系，预制构件与现浇部分的连接关系等内容。与传统二维制图的详图表达方式相比，装配式构件通过三维BIM模型表达的优势显著（图4）。

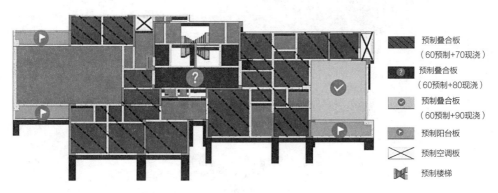

图4　装配式构件模型拆分图

2.2.2 基于BIM技术进行装配式构件碰撞检查及深化设计

在传统装配式构件碰撞检查过程中引入BIM技术，由BIM技术团队对构建的各专业BIM模型进行整合，实现了精细化设计的目标，减少了在二维绘图软件中存在的各专业间设计协同不畅的问题，避免了项目后期的返工，节约了项目的成本，在提高设计精确度的同时，有效地缩短了设计周期。

传统装配式构件深化设计过程，先由结构深化设计师对构件轮廓尺寸进行拆分，并对钢筋、埋件等进行布置，后交予机电设计师对构件中所需预埋的水、电专业管线进行预留，工作量庞大，且极易出现错、漏、碰、缺的情况（图5）。

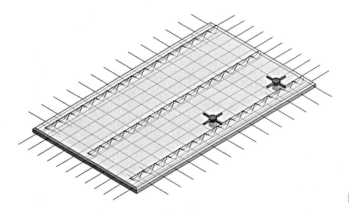

图5 C-YB-1叠合板模型

2.2.3 基于BIM技术进行生产、施工阶段质量追溯

传统平面设计受二维设计软件的影响，仅能通过平面示意轮廓线条，无法进行其他信息的呈现、传递、输出，如混凝土体积、钢筋长度、构件重量等。基于BIM技术的装配式深化设计，可在完成构件深化设计的同时，自动生成构件明细表，大大节约了设计师在专业设计外所需花费的时间。

从深化设计伊始，BIM技术团队借助J·MAKER数字建筑AI平台的应用功能，为各装配式构件生成了专属二维码，实现了项目全生命周期的信息传递，为构件生产、施工安装、后期拆改提供了数据依据（图6）。

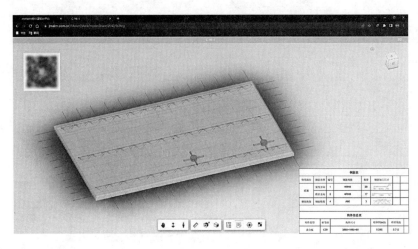

图6 平台生成的C-YB-1叠合板模型二维码

3 重难点讲解

本项目在设计阶段即引入BIM技术，对机电管线路由进行优化及净高控制。设计阶段，BIM技术团队与设计院机电专业设计师保持紧密配合，由设计师提供管线路由设计思路，由BIM技术团队对管线路由进行梳理，尽可能减少管道拐弯、管线翻弯，以起到控制项目机电成本、降低施工难度的作用。

3.1 管序优化

通常情况下，设计师很难在二维绘图过程中充分考虑管线间的垂直空间关系，故容易出现由于管道垂直方向存在多层交叉，最终导致施工现场无法施工或净高不足的情况。本项目中BIM技术团队通过对管序的优化，减少了管道交叉次数，节约了管道及管件用量，降低了施工难度，并提高了净高（图7）。

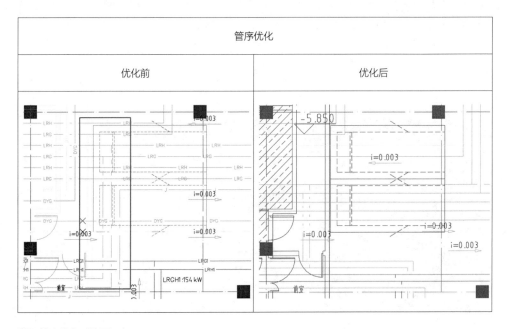

图7 管序优化对比图

3.2 路由优化

机电各专业设计师在设计过程中，并不了解其他专业设计师的管道路由设计对本专业的实际影响。本项目中BIM技术团队通过对各专业BIM模型进行构建、整合、优化，合理调整各专业管道路由位置，减少了管道弯折情况，在设计阶段达到了减少材料使用量、提高施工效率的目的（图8）。

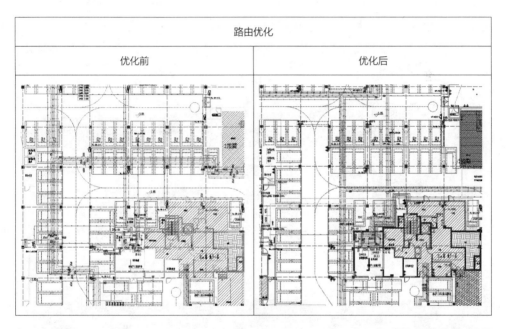

路由优化	
优化前	优化后

图8 路由优化对比图

3.3 净高优化

专业设计师在进行管线设计时，会对建设单位净高要求进行相应考虑，如建设单位净高要求H+2.400m，暖通专业设计师在进行风管设计时即将风管底标高标注为H+2.400m，但施工现场风管可能需增加外包防火材料，并需安装支吊架进行悬挂，导致施工阶段无法实现建设单位预定的净高要求。BIM技术团队在进行管线优化工作时，即对管线保温、支吊架等净高影响因素进行相应考虑，确保施工后净高满足建设单位的预定要求。

当BIM技术团队发现原设计方案无法满足净高要求时，会根据各专业间的具体情况对管线标高进行提升或对管线路由进行调整，若无法调整或调整后仍无法满足要求，则会联系结构专业设计师进行上翻梁或抬板处理。本项目实施过程中，BIM技术团队发现，在2号地块1号坡道入口处，存在管线数量众多且梁下净高过低的情况，导致净高无法满足预定要求。经与设计师进行沟通，最终将影响管线净高的结构梁进行上翻，确保区域局部净高满足预定要求（图9）。

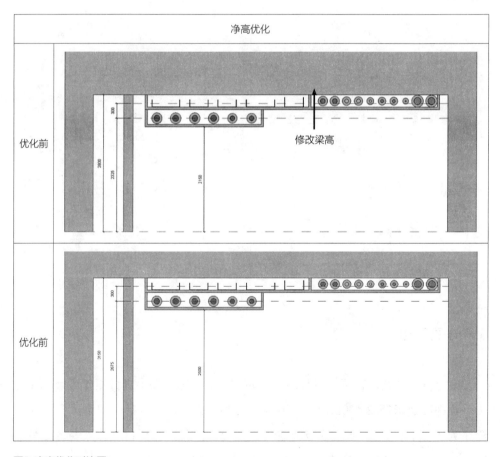

图9 净高优化对比图

3.4 支吊架空间预留

为确保管线优化成果切实可用，BIM技术团队在完成管线优化后，根据规范要求对管线支吊架进行相应布置，为后续施工留出支吊架空间，确保BIM成果平稳落地（图10）。

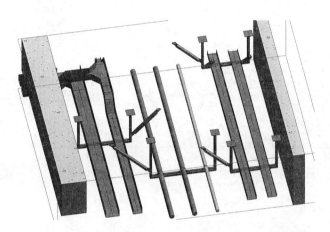

图10 抗震支吊架

3.5 机电预留预埋

完成全部区域管线优化后，BIM技术团队将管线综合平面图发至设计院，由设计师对管线路由进行校核，校核无误后按图调整管线路由，调整套管尺寸及定位。设计师完成图纸调整后，将套管图返给BIM技术团队进行复核，确保预留预埋满足现场施工要求。

4 应用效果

随着BIM技术团队项目实施工作的完成，项目初期确认的BIM应用内容均已

达到预期效果。整个实施过程中，优化图纸问题、土建问题、机电问题共计129
处，彻底实现了项目初期制定的"预留预埋零变更"的工作目标，深受建设单位
好评（图11）。

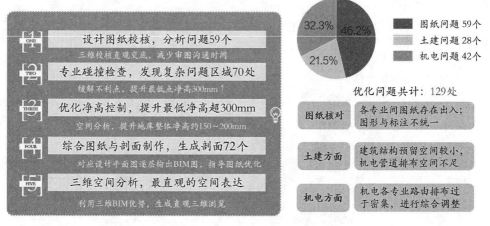

图11 应用效果总结分析图

北京市朝阳区某项目BIM应用复盘

1 项目概况

1.1 BIM技术应用范围

本项目的BIM技术应用范围共包括一个地块，为R2二类居住用地，其中共有建筑单体11栋，地下车库2层。

1.2 BIM技术应用点

本项目作为北京市新建的装配式商品住宅项目，积极响应政府高品质、高质量建设的号召，严格遵守各类行业标准的规范，力求为老百姓创造健康舒适的居住环境。在众多行业标准规范中，北京市地方标准《装配式建筑评价标准》DB11/T 1831—2021对BIM技术应用有着单独的具体评价要求，其中透露出对BIM模型在项目全生命期的统一性及精准性的极高要求。故在项目实施前，BIM技术团队受建设单位委托协调各参建单位开展沟通交流工作，经过多轮的深入探讨研究，最终由BIM技术团队主导敲定了符合标准要求并满足项目需求的实际落地的BIM技术方案。

1）方案阶段：主导完成项目全生命期BIM实施标准建立工作；

2）设计阶段：构建各专业BIM模型，完成全专业碰撞检查及机电管线优化工作；

3）生产阶段：构建预制构件BIM模型，通过BIM模型将构件信息传导至工厂生产系统，以支持构件生产工作的顺利开展；

4）施工阶段：协助建设单位开展施工阶段的BIM实施管理工作；

5）运维阶段：对BIM模型进行更新、编码、归档、轻量化处理，最终形成竣工模型，并移交建设单位，为建设单位后期拆、改、维修提供依据。

2 BIM应用亮点

2.1 BIM技术在装配式建筑的应用

与传统建筑施工方式相比，装配式建筑采用构配件工厂化预制，实行规模化生产、规范化施工，在实现信息资源集成管理的前提下必将产生规模效应，最终实现节能减排、降低成本、绿色施工的建设目标。

本项目的装配率达到了60%，构件类型主要包括预制叠合板、预制楼梯、预制外墙、预制内墙、预制阳台板等。项目通过应用BIM技术，提前在设计阶段开展了三维可视化模拟工作，目的是为厘清各构件之间的逻辑关系，尽可能避免产生后期深化设计的变更以及施工过程的返工。

本项目引入了金茂慧创建筑科技（北京）有限公司开发的J·MAKER数字建筑AI平台，以实现对装配式建筑项目的全生命期数字化管理。BIM技术团队在接收到设计院提供的最新版施工图纸后，依据各专业不同的特点，逐步构建细化各专业BIM模型，并开展可视化设计审查，综合优化户型方案，对户型方案进行精细化、人性化、空间化等多维度的整体把控。

装配式户型模型可以更直观地表现出预制构件与户型整体之间的关系，进而

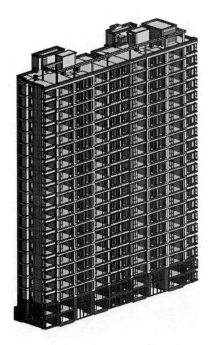

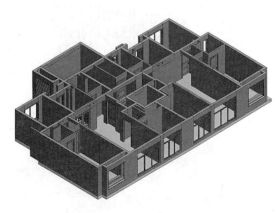

图1 装配式住宅楼栋BIM模型　　　　　　　　图2 装配式住宅楼栋标准层BIM模型

为设计师优化设计图纸提供有力依据。随后BIM技术团队根据优化后的设计图纸同步完成对户型模型的实时更新。通过图纸、模型的双交付、双验证、双引导，有效地减少预制构件生产过程中容易出现的重复返工问题，以达到提高质量、节约成本、缩短工期的既定目标（图1、图2）。

2.1.1 预制构件模型的构建与应用

在项目设计阶段，对预制构件进行精细化拆分设计，构建相应的预制构件、配件的BIM模型，以初步确定构件的规格及尺寸，为项目后续的生产、运输、吊装等工作提供数据支撑。

在装配式住宅项目中，因为构件数量多、重复比例大，所以BIM技术团队对BIM模型中的所有构件都赋予了独立的编号标识，以精确定位每一个构件（图3）。

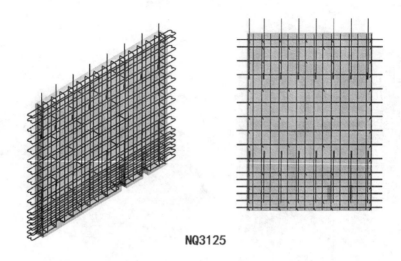

NQ3125

图3 预制外墙板BIM模型及编号

2.1.2 预制构件内的机电点位预埋

在常规现浇工业预制构件的施工过程中，由于存在局部不够准确等情况，常会导致例如预留预埋连接套管堵塞、管道尺寸不匹配导致无法完成连接等问题的发生。其中预制构件内管道主要为电气专业部分，这就要求电气分包施工单位应对其他专业施工图纸进行审核，以避免出现因其他专业管道碰撞导致安装空间不足等问题。而应用BIM技术可快速准确地确定预埋位置，在得以直接减少管口堵塞、规格型号不统一及与其他机电专业的碰撞问题的同时，还可避免在土建施工过程中对预埋管线的损坏。

3 重难点讲解

3.1 基于BIM模型对走廊管线进行优化

本项目楼座地下室走廊净宽1300mm，精装吊顶净高要求2300mm，在此空间内管线分布密集，如果仅依靠二维施工图完成管线排布，按照以往的施工经验，后期极易出现大面积的重新调整工作，会造成大量的人力、物力消耗，而在设计阶段引入BIM技术，依托BIM三维可视化的特点，可避免后期大面积返工情况的发生。以图4为例，在各专业交叉进行的情况下，走廊部分需考虑预留400mm的检修空间，精装部分在保证吊顶高度的同时也需考虑预留400mm的检修空间，并且管线路由不能产生交叉碰撞（图4）。面对如此复杂的情况，我们应用BIM技术进行了大量的模拟施工验证，最终敲定了最为合理的管线排布方式。

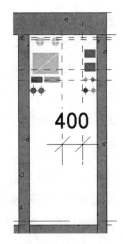

图4 走廊部分管线排布

3.2 基于BIM模型的深化设计及碰撞检查

在构建完成各专业BIM模型后，进行全专业BIM模型整合，随后检查模型碰撞及净高问题，并编制相应的问题报告，配合设计院对问题进行一一解决。

应用BIM技术，在项目实施过程中对原施工图进行补充与完善，使之达到可以真正指导现场施工的深度，以提高施工现场的生产效率，减少由于施工协调不畅造成的成本增长和工期延误（图5、图6）。

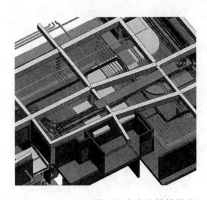

图5 机电专业管线优化

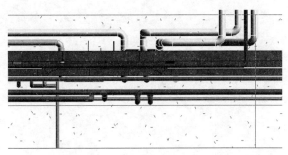

图6 各专业管线分层排布

4 应用效果

在本项目的规划阶段及设计阶段，BIM技术在协同一致、相互关联等方面发挥了重要作用，有效地降低了由于设计冲突而产生设计变更的可能性。在设计初期，共发现问题一百多处，在出施工图之前，BIM技术团队组织业主方以及设计院开展集中讨论，对比图纸和模型的差异，逐一解决，最终实现了设计阶段的零碰撞，大幅减少了设计变更的可能性。同时应用BIM技术，可以快速检查出在设计过程中存在的碰撞冲突，并在BIM模型中准确定位，进而保证可以及时地聚焦存在的问题，第一时间予以解决，以期减少后期返工。

在装配式建筑预制构件的生产过程中，技术人员在二维图纸上进行预制构件的生产加工。由于二维图纸上所反映出的信息十分有限，所以存在错解、误解设计意图的情况。为解决以上问题，依据BIM模型信息可贯穿建筑全生命期的特点，BIM设计团队将装配式建筑中所有构件的详细信息传递给生产厂家，以期更高效地指导生产工作的进行。经后续统计，本项目应用BIM技术在生产预制构件阶段节省了约5%的成本，效果显著。

重庆市某项目BIM应用复盘

1 项目概况

1.1 BIM技术应用范围

本项目的BIM技术应用范围由北向南分为1号、2号、3号三个地块，地下车库均为2层（图1）。

图1 人视效果图

1.2 BIM技术应用方案

本项目属于重庆市新建的商品住宅项目，建设单位对于BIM技术在项目中的应用效果有很高的期待。故为保障项目全生命期的BIM应用成果切实落地，本项目从开始就制定了通过统一的BIM协同管理平台进行全生命期实施管理工作的整体基调，对BIM模型的统一性、精准性及落地性有着更高的要求，因此如何合理地制定BIM技术方案成为重中之重。基于此，BIM技术团队在项目实施前，协调组织建设单位及各参建单位开展了多轮的沟通交流，经过反复印证，最终敲定了本项目全生命期的BIM应用内容。

1.2.1 规划阶段

BIM实施标准建立：针对项目特点，敲定了项目全生命期BIM实施标准。

1.2.2 设计阶段

构建各专业BIM模型：根据各专业图纸，完成相应专业模型的构建工作。

基于BIM技术的图纸审核：在构建BIM模型过程中，汇总平面图纸中存在的错、漏、碰、缺等问题，形成图纸校核报告并发设计院进行图纸调整。

基于BIM技术的碰撞检查：通过构建BIM模型，对车库及户内机电管线进行碰撞检查，发现管线复杂点位，为后期管线优化工作提供方向。

基于BIM技术的方案比选：通过构建不同方案的BIM模型，为方案分析提供更为直观的依据，使建设单位可以更为详尽地了解各方案的不同点。

基于BIM技术的机电管线优化：通过对已构建的BIM模型进行管线优化，在满足建设单位净高要求的同时，综合施工难度、材料成本等因素，辅助设计院确认最佳管线路由。

1.2.3 施工阶段

建设单位BIM咨询及总包BIM管理：辅助建设单位进行施工总包单位BIM实施管理。

1.2.4 运维阶段

交付竣工模型：对BIM模型进行编码、归档、轻量化处理，并移交建设单位，为建设单位后期拆、改、维修提供依据。

2 重难点讲解

本项目BIM工作从设计阶段介入，主要负责地下车库、楼座及标准层的机电管线优化排布，解决管线碰撞问题，控制车库净高，减少后期施工变更问题，并指导现场施工。

因地理位置原因，项目整体地势呈斜坡状且各个地块坡度均不一致，南北向结构高差约5m，东西向结构高差约2.5m，施工精度控制困难，各专业管线开洞高度不易确定。应用BIM技术，高精度呈现项目实际情况，有依据地确认开洞位置及管线路由走向，有效地避免图纸中容易遗漏的问题，以减少施工阶段的设计变更，节约工期及成本。

地下车库机电专业繁多、管道复杂、净空要求高，在确认BIM实施标准后，结合国家标准及重庆市地方标准、设计及施工规范，与建设单位确认车库各区域净高品控、管综排布等标准（图2、表1）。

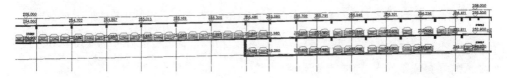

图2 车库剖面示意图

管线优化报告示例   表1

问题类型	问题位置	问题描述	问题解决
车道净高不足	B1F车库U-40轴	车道位置，桥架与风管冲突且无法上翻，导致区域净高不足，建议局部下移充电桩、火警桥架和排水管位置	设计统一调整方案，充电桩距结构柱300mm，与火警桥架及排水管控制间距

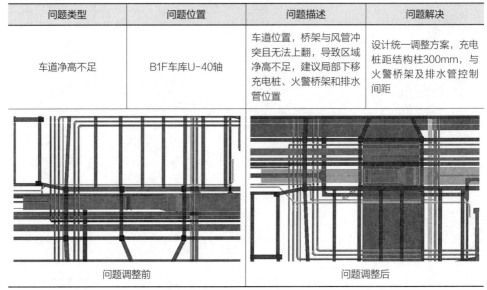

问题调整前	问题调整后

3 BIM应用亮点

　　BIM模型需要和项目现场情况保持一致，由于本项目地势的特殊性，给BIM模型构建以及后期的管综优化带来了一定的难度，如果构建方法不对，不仅会增加无用的工作量，还无法保证工作成果的质量。

　　团队通过内部的相互沟通探讨，最终确定了统一的工作方式：第一步，先按照项目实际坡度建立车库结构顶板和底板；第二步，车库区域结构柱和结构梁对齐带坡度的结构板，保证结构梁的实际高度的准确性，避免之后机电管线与结构梁碰撞检查时产生无效检查；第三步，机电专业管线的坡度确认十分关键，确定好管线的初始标高后，BIM技术团队运用BIM插件里的管线随板功能，使管线与结构板保持相应的距离。这样处理后，既能保证模型的质量与现场实际情况相一致，也可保证工作节点的有序开展（图3）。

　　项目依托于金茂慧创建筑科技（北京）有限公司开发的J·MAKER数字建

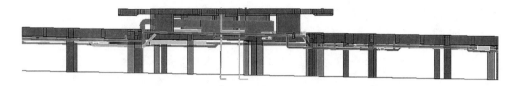

图3 项目模型剖面示意图

筑AI平台，开展"设计—生产—施工"全过程的数字化管理。以设计计划管理为起点，通过平台实现线上计划分解、任务审批、进度质量管控等流程，并可以对模型、图纸进行在线查阅标注，生成问题报告，实现多方协同，对设计工期和设计质量实行双重精细化管控。通过平台实现全过程装配式构件的信息对接与质量追溯，充分考虑施工成本、时间维度、施工可行性等要点，将构件的空间、功能、物理等信息进行有机合成。通过平台三维可视化的技术特点实现BIM应用成果全阶段、全方位的形象化展示及数据传递，以提高项目数字化管理水平（图4～图6）。

引入平台移动端APP，便于施工现场的实时管理，为确保施工与模型保持一

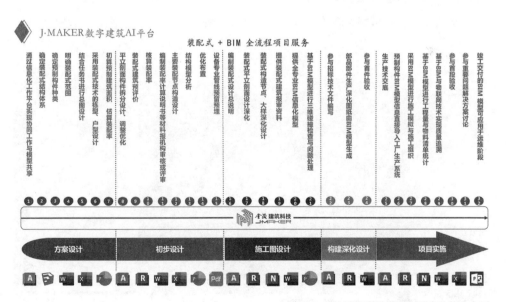

图4 J·MAKER数字建筑AI平台功能分布图

致性，通过平台可与现场实际情况对照，在施工过程中发现问题可实时上传并及时解决；同时通过平台质量安全生产数据得以留存并分析，辅助决策的协同管理。

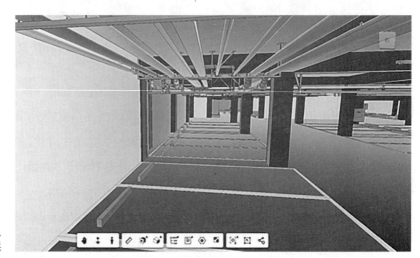

图5　车库内人
视效果

遇到复杂节点或施工顺序难以确定的情况，可直接在平台中切换到三维视角查看，以确认所需专业的系统类型、尺寸、标高等准确数据，协助现场施工。

通过云端资料管理功能，可将项目的相关文件（如图纸、模型、变更文档、施工资料文档、技术交底文档等）上传至云端并及时更新，方便实时查询所需信

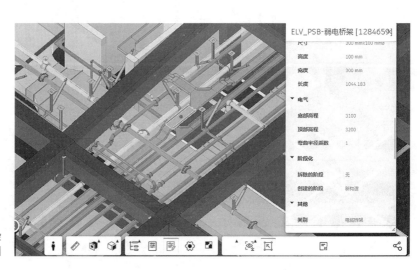

图6　车库复杂
节点三维图

息，同时对管理人员设置相关权限，防止文件的丢失及泄密，保证资料的完整性以及资产移交的便利性。

4 应用效果

4.1 BIM模型构建效果

经过与设计的多轮沟通，构建相应阶段与图纸一致的BIM模型，保证了模型以及相应技术资料质量及完整性，以确保模型的可延续性，避免重复工作。项目地下车库全专业BIM模型构建效果如图7所示。

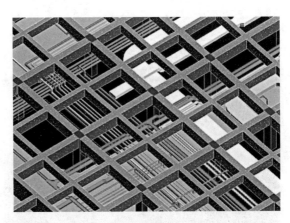

图7 地下车库局部全专业BIM模型图

4.2 BIM模型应用效果

本项目引入BIM技术应用效果显著，提升了项目精细化管理水平，有效地缩短了工期，降低了成本，提升了工程质量，具体的BIM模型应用效果如图8所示。

4.2.1 净高管控

项目原设计仅能满足大部分车道2.2m、车位2m的净高要求，为最大化满足业主的观感度，经过优化排布后，已将全部地下车库区域管线净高调整至满足品控要求，保证各类车辆正常驶入，如图9所示。

图8　BIM模型应用效果图

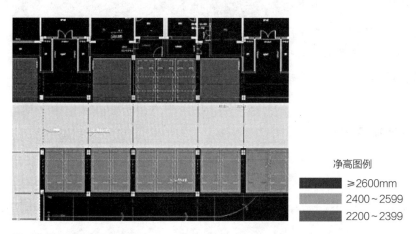

净高图例
■ ≥2600mm
■ 2400~2599
■ 2200~2399

图9　地下车库局部净高示意图

4.2.2 平面出图及套管确认

在将平面图返给设计院后，设计院可参考图纸进行管线路由调整工作，并调整套管位置。设计院在完成套管留洞图后将图纸反馈回BIM技术团队，BIM技术团队对留洞图纸进行确认，保障后期施工顺利进行（图10）。

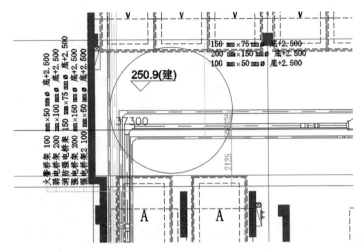

图10 平面出图局部示意图

4.2.3 复杂节点剖面图

　　BIM技术团队在实施过程中会着重指出复杂节点，明确施工顺序，出具节点剖面图，指导现场班组施工，保证施工质量，减少返工（图11）。

4.2.4 结构预留孔洞图

　　为了保证项目现场结构预留孔洞及预埋件与BIM优化模型高度一致，BIM技术团队出具了预留孔洞图，既避免了由于管线与预留孔洞的不匹配形成的施工变更，也提高了项目整体的美观程度。结构预留孔洞图如图12所示。

4.2.5 指导施工

　　完成BIM出图工作之后，为保证现场相关区域有序施工，BIM技术团队对所负责区域进行施工交底工作。运用BIM三维可视化功能，通过剖析BIM模型，讲解技术参数为施工人员进行技术交底。交底内容包含开洞位置、管道桥架通用标高、复杂节点施工顺序、检修空间及为保证净高需特别注意区域等。施工人员在技术交底过程中反馈意见，与BIM技术团队进行沟通交流，确保BIM应用成果的延续性。

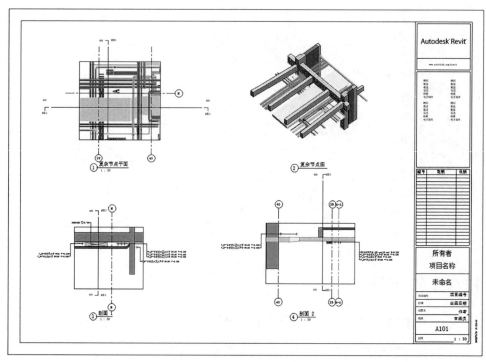

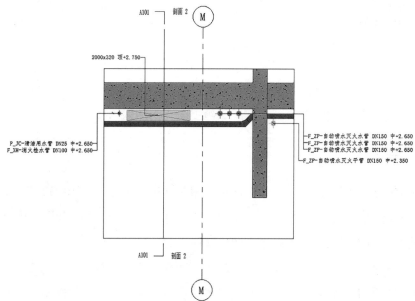

图11　复杂节点剖面图

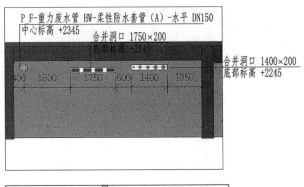

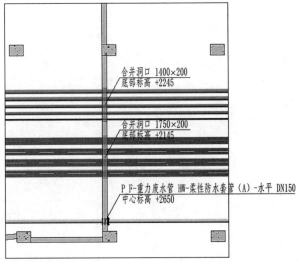

图12 结构预留孔洞图

金茂慧创建筑科技（北京）有限公司

金茂慧创建筑科技（北京）有限公司（简称：金茂建筑科技），是中国中化旗下城市运营板块——中国金茂旗下科技公司，金茂建筑科技秉承中国中化"科学至上"的发展理念和中国金茂"智慧科技 绿色健康"的创新方向，在"大众创业 万众创新"的浪潮下顺应新型建筑工业化和数字化技术融合发展的大趋势，以装配式技术及工程咨询、BIM全流程咨询、超低能耗咨询、新材料研发及应用为核心业务，聚焦元宇宙、机器人科技研发，将J·MAKER 数字建筑AI平台作为智慧科技和数据应用的载体，致力于打造大建筑产业链设计、采购、施工、运维的EPC-OEM创新一体化互联生态圈，擘画成为绿色建筑产业全生命周期数字化低碳管理领导者。

装配式建筑是一项系统工程，要在建筑与工业化间找到最佳的平衡点——需将传统建筑的设计、供货与施工全流程改造成符合工业化的设计、制造与安装流程。金茂建筑科技具备开发商基因，从设计源头考虑制造与安装要求，满足客户保质量、控成本、优进度、控风险、技术创新等诉求，客户涵盖华润、保利、招商、中国绿发、越秀、合生创展、首创置业、北京城建等地产头部企业，业务遍布全国40余个核心城市。服务京津冀、郑州、青岛、济南、上海、张家港、宁波、长沙、贵阳、广州等地200余个项目，为客户累计降本4亿元，使装配式建筑真正做到又快、又好、又省。

　　金茂建筑科技作为全联房地产商会建筑工业化分会常务理事单位，致力于构建装配式产业链一体化互联生态圈，目前已与中建系、标准院、建研院、北京院、远大住工、三一筑工、和能人居、中国建材工业经济研究会、同济大学等30余家优秀产学研企业战略合作，在标准化、装配式构件研发及供货、装配式装修、整体卫浴等方面展开合作，助推建筑工业化进展。

2020年第十六届国际绿色建筑与建筑节能大会暨新技术与产品博览会参展与产学研企业战略签约

2020年第十六届国际绿色建筑与建筑节能大会暨新技术与产品博览会参展，国务院参事，住建部原副部长仇保兴参观展馆

公司注重创新研发，获取专精特新中小企业、国家高新技术企业，中关村高新技术企业，获取中关村金种子企业资质，获得第三届央企熠星创新创意大赛三等奖，获得装配式产业链智慧科技服务商称号。

公司秉承央企责任，致力于为行业发展贡献力量，基于丰富的项目实践，进行经验沉淀，编撰"装配式建筑系列丛书"，为新型建筑工业化推进推波助澜，已出版《装配式建筑100问》《装配式建筑典型案例复盘》。

"独木不成林，单丝不成线"，行业优秀企业的合作是产业链融合和创新发展的重要途径。科技变革和产业升级的时代背景下，在建筑业转型升级的变革中，金茂建筑科技愿与行业产学研优秀企业携手，在装配式全过程咨询、PC构件供货、整体卫浴、装配式体系研发、AI平台研发、绿色产业园等方面精诚合作，充分发挥各自在技术、产品、资源等方面的优势，响应国家大力发展装配式建筑的号召和市场需求，共同开创绿色建筑生态圈的全新篇章。

"装配式建筑系列丛书"已出版的2本